CB005486

"Olhe para o outro lado!" Desta forma fui en[...] devia ser visto. Encontro ecos dessa orientação na sociedade em que vivemos, onde nossos olhos são educados a focar no poder, na fama e na riqueza. Na realidade em que vivemos, a possibilidade de desviar o olhar compromete nossa humanidade, afinal: "o que os olhos não veem, o coração não sente". Recupero a alegria cada vez que encontro jovens que não desviam seus olhares da realidade, e que o fazem com esperança. Matheus Ortega é um desses jovens que se deixam tocar pela realidade. Em *Economia do Reino*, ele empenha seus sonhos, convicções, reflexões, aspirações e uma rica trajetória de vida para se debruçar sobre uma enorme questão: Como lidar com a riqueza e a pobreza no mundo? Ele trouxe a poesia para a economia, descobrindo o caminho do coração, onde pode nascer as melhores respostas para essa questão. *Economia do Reino* é um livro inspirador com potencial mobilizador.

ZIEL MACHADO
Vice reitor do Seminário Teológico Servo de Cristo
e pastor da Igreja Metodista Livre

Conheci Matheus ainda jovenzinho na casa dos pais. Um rapaz muito gentil, educado e posso ressaltar, muito crente! Alguém que definitivamente contemplou a beleza de Jesus e se fascinou por ele. Seu amor pelo Senhor era notório e extravasava em doçura e compaixão pelas pessoas à sua volta. Em *Economia do Reino*, ele expressa bem a essência deste adolescente que conheci anos atrás, que se tornou um homem e que abraçou com amor e zelo a missão dada por Jesus. Matheus trata com muita sensibilidade e sabedoria de Deus a questão da riqueza e da pobreza, trazendo uma visão bíblica e equilibrada a um assunto tão importante nesta era que antecede o Reino eterno de Cristo Jesus. Com certeza, este livro trará aos leitores revelação e consciência do seu papel como Igreja num século de desigualdades e contradições. Seja abençoado com esta leitura!

NÍVEA SOARES
Ministra de louvor

Em um mundo materialista e majoritariamente capitalista, é um desafio falar sobre riqueza e pobreza, mesmo que debaixo da bandeira cristã. Depois de ler *Economia do Reino*, escrito pelo querido Matheus Ortega, filho de dois de meus melhores amigos, Gerson e Miriam Ortega, pude ver que nenhuma das teorias econômicas existentes pode satisfazer um coração inquieto, que busca muito além da economia desse mundo: busca a economia de Deus. De acordo com o que escreve Matheus, a economia do Reino não é sobre os reinos deste mundo; é sobre um Reino eterno. Nele, não há superiores ou inferiores, pois não há distinções de valor. Não há espaço para dissensões nacionalistas, pois todos que dele fazem parte anseiam por uma cidade eterna, cujo arquiteto é Deus. Deixo nesta minha singela apresentação o desafio para que cada pessoa seja tomada pela curiosidade de ler algo inusitado sobre tão relevante assunto, abordado de forma profundamente compatível com os ensinos de Jesus e que, por certo, nos fará rever muita coisa em nossa vida.

ASAPH BORBA
Cantor, compositor e jornalista

Corremos o risco de não notar alguém como Matheus pela simplicidade com que trata da própria profundidade. Mas o risco se desfaz tão logo nos aproximamos dele. Ainda mais quando — e esse tem sido um privilégio para mim, como seu pastor — já o encontramos como um "forasteiro" que percorreu tantos quilômetros e paisagens. Caminhando com ele, Bruna, Levi e, agora, o pequeno João, somos confundidos se estamos diante de um doador, moderado, transformador ou abnegado. É que Matheus não simplesmente escreveu, ele viveu, e busca viver o conteúdo deste livro que, além de poético, é generoso, pois nos ajuda a viver e deixar viver os diferentes perfis da Economia do Reino. E aí o texto ganha força profética. Tal como Mardoqueu disse à Ester, nos perguntamos: "Não é para um tempo como este" que esse "filho" foi gerado por Matheus? Creio que o coração do leitor — tal qual do autor, numa biblioteca de Oxford — irá bater forte ao ver a si e a outros no texto. O meu bateu.

ELSON SOUZA
Pastor da Igreja Batista do Garcia, Salvador, BA

Economia do Reino

Matheus Ortega

Economia do Reino

Quatro caminhos cristãos para lidar com a riqueza e a pobreza no mundo

THOMAS NELSON
BRASIL®

Publisher	*Samuel Coto*
Editor	*André Lodos Tangerino*
Produção editorial e preparação	*Daila Fanny*
Revisão	*Hugo Reis* e *Francine Torres*
Diagramação	*Sonia Peticov*
Ilustrações	*Guilherme Match*
Capa e Projeto gráfico	*Gabê Almeida*

Dados Internacionais de Catalogação na Publicação (CIP)
(BENITEZ CATALOGAÇÃO ASS. EDITORIAL, MS, BRASIL)

O88e
    Ortega, Matheus
      Economia do reino: quatro caminhos cristãos para lidar com a riqueza e a pobreza no mundo / Matheus Ortega. — 1.ed. — Rio de Janeiro: Thomas Nelson Brasil, 2021.
      208 p.; 15,5 x 23 cm.

      Bibliografia.
      ISBN 978-65-56892-03-0

1. Cristianismo. 2. Economia. 3. Educação financeira. 4. Estudo bíblico — Ensinamentos. 5. Finanças pessoais. 6. Desigualdade social. I. Teologia Social. I. Título.

04-2021/45   CDD: 261.85

Índice para catálogo sistemático:
1. Cristianismo e economia: Teologia social   261.85

Bibliotecária responsável: Aline Graziele Benitez CRB-1/3129

Thomas Nelson Brasil é uma marca licenciada à Vida Melhor Editora LTDA.
Todos os direitos reservados à Vida Melhor Editora LTDA.
Rua da Quitanda, 86, sala 218 — Centro
Rio de Janeiro — RJ — CEP 20091-005
Tel.: (21) 3175-1030
www.thomasnelson.com.br

Para Bruna, Levi e João

"O que escrevo, escrevo para a glória da cidade de Deus, para que sendo comparada com a outra cidade, possa brilhar com maior esplendor."

Agostinho (354–430)

Sumário

Prefácio

Uma das maiores dificuldades éticas e pessoais é como lidar com a injustiça. Por que alguns têm tanto, e outros, tão pouco? Todo ser humano com um pingo de sensibilidade sente esse dilema ao longo da vida, independente da orientação religiosa. Pessoas sob a influência de uma das três religiões que os antropólogos classificam como religiões éticas — judaísmo, cristianismo e islã — são especialmente tocadas pelas desigualdades da constante divisão entre pobres e ricos. O que a nossa fé pode elucidar sobre a forma de lidarmos com a pobreza e a riqueza? Esse é exatamente o foco deste livro.

Muito já se escreveu em toda a história sobre o assunto. Por que, então, o livro *Economia do Reino*? Vou falar com todas as letras e com sinceridade: o livro do Matheus é inspirado e inspirador, simples e bem fundamentado, direcionado a todos juntos e a cada um, revelador da diversidade de perspectivas e comprometido com a unidade dos fiéis. Diferentemente do que pode imaginar a partir do título, o livro é mais poesia que prosa. Uma flecha direcionada ao coração. Mas não se engane, é altamente instrutivo!

Como discípulo de Jesus, recomendo o livro a todos da mesma orientação religiosa e a outras pessoas "do bem". Matheus nos dá quatro opções diferentes, mas complementares, que ele sustenta abundantemente nos ensinos de Jesus e em exemplos bíblicos, históricos e contemporâneos. Ele elabora uma por uma: seu funcionamento, seus pontos positivos e seus perigos. Ele mostra como as quatro perspectivas diferentes, juntas, podem contribuir para a manifestação da visão que Deus tem para o nosso mundo.

Como teólogo e filósofo, só posso recomendar este livro ao máximo possível de leitores, por causa da fácil compreensão que terão de cada perspectiva e da possibilidade de se localizarem dentro de uma delas ou mais. Se cada um de nós fizer isso, não só a nossa ética pessoal será transformada, mas estaremos contribuindo para a visão de Deus, segundo a qual não haverá mais choro ou pranto, em um Reino em que, logo, não haverá mais injustiça.

Finalmente, como missiólogo dedicado à divulgação da fé, fico grato pela ênfase deste livro em um aspecto fundamental da fé cristã, destacado neste ensino de Jesus: amar ao nosso próximo demonstra o nosso amor a Deus. Se não demonstro amor ao meu próximo, minha proclamação de tal amor fica oca, vazia e totalmente ineficaz. Como posso divulgar minha fé e ensinar as pessoas a guardar todas as coisas que Jesus tem ordenado se não incluo e demonstro esse ensino central?

Estou entusiasmado com este livro. É uma leitura gostosa, prática e transformadora. Escrito com amor para ser lido com amor.

TIMÓTEO CARRIKER

Professor de Teologia e Missões. Editor da *Bíblia Missionária de Estudo* (SBB), e autor de diversos livros

Introdução

Você já imaginou como seria o mundo se não houvesse riqueza nem pobreza? Se todos pudessem produzir, viver e desfrutar sem que ninguém causasse mal nem destruição ao outro?[1]

O cristianismo anuncia um Reino no qual nunca mais haverá sofrimento, dor ou morte.[2] Ao mesmo tempo que todos os cristãos oram, em uma só voz, para que esse Reino venha à terra assim como é no céu, há muitas vozes distintas sobre como viver seus valores neste mundo. Cada país, cultura e contexto apresentam vários desafios para a fé cristã em relação ao tema da riqueza e pobreza.

A história do enriquecimento de países desenvolvidos é fascinante, mas, ao mesmo tempo, cheia de injustiças.[3] Enquanto alguns têm muitos bens, outros sofrem com extrema pobreza, saúde precária e enorme desigualdade.[4] Diante da complexidade social e econômica do mundo atual, não há uma resposta fácil para o cristão. Seja ele rico, seja pobre, a despeito de sua cultura ou raça, em algum momento vai se deparar com a seguinte pergunta:

Como lidar com a riqueza e a pobreza no mundo?

Este livro não propõe uma resposta simples e imediata para essa questão. Ele é um guarda-chuva, uma solução imperfeita que traz refúgio temporário para a chuva e o sol. Busca apresentar o cristianismo que abraça, sob a mesma lei do amor, ricos e pobres, fortes e fracos. Mostra que somos diferentes para entender as necessidades uns dos outros[5] e que, nessas diferenças, há um terreno fértil para fazer abundar a generosidade e o amor.

Vivi experiências no sertão do Brasil, no Haiti e na África que me ensinaram um pouco sobre o contexto da pobreza. Morei em grandes capitais como São Paulo, Santiago e Londres, nas quais vivenciei de perto a riqueza e a desigualdade. Fiz meu mestrado em Desenvolvimento Internacional na *London School of Economics* para estudar de que forma alguns países alcançaram o progresso e como outros podem chegar ao desenvolvimento. Por toda a minha vida, tenho procurado entender qual deve ser o estilo de vida do cristão em um mundo decaído, desigual e complexo.

Minha trajetória foi profundamente impactada pelo terremoto no Haiti em 2010. Visitei a capital, Porto Príncipe, quatro vezes durante um ano e fundei uma escola de música no país mais pobre do hemisfério ocidental. Naquela época, compus uma canção em crioulo, *Revolysion Lanmou*, que se espalhou pelas igrejas e deixou uma marca na nação.[6] Milhares de haitianos a cantaram em conferências pelo país, numa só voz profética, declarando que "Chegou a hora de se levantar e viver a revolução do amor".

Desde então, tenho me questionado quase que diariamente: Como devo viver diante da riqueza e da pobreza? Qual deve ser meu papel diante do acúmulo, da necessidade e da desigualdade no mundo?

Em busca de uma resposta a esse questionamento, mergulhei na Bíblia e na história do cristianismo. Nessa jornada, deparei-me com quatro perfis cristãos a respeito da riqueza e pobreza, cada um deles expressando os valores do Reino de Deus de forma diferente: o *doador*, o *moderado*, o *transformador* e o *abnegado*.

- O *doador* crê que seu papel é usar recursos terrenos para ser generoso.
- O *moderado* entende que deve cuidar dos recursos com mordomia e viver em contentamento.
- O *transformador* busca lutar em prol da igualdade e da justiça social.
- O *abnegado* crê que deve renunciar aos bens materiais para viver na dependência de Deus.

Nenhum desses perfis é superior aos demais. Necessitam uns dos outros, e cada um deles cumpre uma função específica. Enquanto uns dão, outros vão; enquanto uns planejam, outros executam; enquanto uns cuidam, outros transformam. Com isso, cristãos com funções diferentes, mas unidos por uma mesma economia do Reino, podem caminhar na mesma direção.

Este livro é um chamado à união. É um chamado a uma mudança radical na forma de enxergar o papel da Igreja no mundo. É um clamor para que deixemos de lado nossas diferenças políticas e teológicas. É uma voz no deserto, convidando todos que quiserem a se levantar para, juntos, mudarmos o mundo.

Notas

1 Isaías 65:17-23.
2 Apocalipse 21:1-4.
3 LANDES, David, *A riqueza e pobreza das nações:* Por que algumas são tão ricas e outras são tão pobres. Rio de Janeiro: Elsevier, 2003.
4 REINERT, Erik S. *How Rich Countries Got Rich and Why Poor Countries Stay Poor.* London: Constable, 2008.
5 TUTU, Desmond. *Deus não é cristão e outras provocações.* Rio de Janeiro: Thomas Nelson Brasil, 2012, p. 42.
6 O vídeo "Revolução do Amor — Haiti" teve cerca de 100 mil acessos no YouTube, além de ter sido transmitido em diversas igrejas e eventos pelo mundo.

Prólogo

*Aquele que tem a certeza de que
nada faltará jamais, não procurará
possuir mais do que é preciso.*

Thomas Morus (1478-1535)[1]

Novo Éden

bri os olhos. Estava em um campo plano e sereno, e o vento sussurrava em meus ouvidos. Sentia um cheiro suave de flores silvestres e mel. Olhei para meu corpo: ele parecia reluzir. Não percebia o chão sob meus pés. Ou eu flutuava, ou ali não existia a lei da gravidade.

Olhei para cima e não encontrei o sol.[2] Como o céu estava sem nuvens, não entendi por que não podia vê-lo. Contudo, havia certo calor natural que emanava daquele lugar. Ele vibrava em mim, aquecendo meu interior, enquanto a brisa de verão acariciava minha alma. A sensação era a mesma de quando um corpo quente entra em contato com a água refrescante.

Dentro de mim sentia paz. Parecia que aquele campo era um espelho do meu interior, ou melhor, um reflexo do que eu sentia. De alguma forma, o exterior se comunicava com o meu íntimo de forma perfeita. Comecei a explorar aquele lugar, que era semelhante à terra, mas com leis da natureza totalmente distintas. Algumas coisas eram incompreensíveis para mim. Vi plantas cujas cores mudavam num prisma e que possuíam dentro de si todos os tons. Eram instigantes como o arco-íris, que não se sabe de onde vem nem para onde vai.

Senti um vento me erguendo do solo, e meus olhos se fecharam. De repente, me vi diante de uma mansão enorme, um projeto arquitetônico incomparável. Sua estrutura era de pedras preciosas. Fiquei impressionado por não ver cimento nem concreto. Tudo era feito de uma matéria-prima lindíssima, que parecia ser madeira rara misturada a cristais brilhantes. A cor da casa era marrom--claro, mas brilhava num vermelho azulado, como lenha em combustão. Havia ouvido falar de algo semelhante, uma pedra rara chamada opala de fogo. Embora fosse suntuosa em beleza, a casa me trazia um sentimento de aconchego, não de opulência.

O jardim da casa possuía plantas raras, coloridas e vivas. Em meio a elas, vi um ser cantando uma melodia tão linda que fez arder meu coração, despertando um anseio profundo por algo que eu não sabia explicar. Senti uma enorme curiosidade. Queimava dentro de mim o desejo de conhecê-lo.

Aproximei-me vagarosamente, pois não queria que interrompesse aquela melodia. Ele estava de costas para mim, mas parou sua música e se virou com um sorriso.

— Bem-vindo, forasteiro.

Senti-me envergonhado na presença de um ser que, embora parecesse tão nobre, trajava uma veste branca tão simples. Apesar das ferramentas de jardinagem que carregava, possuía o aspecto de rei de muitas nações. Sua simplicidade me fazia querer saber quem ele era. Minha vontade era me prostrar diante dele e estar ao seu lado, servindo-lhe. Antes que assim fizesse, ele se dirigiu novamente a mim.

— Vou acompanhá-lo pelo Novo Éden. Venha comigo e lhe mostrarei coisas grandiosas que você nunca viu nem ouviu.[3]

Meu corpo tremia. Aquele ser, que morava na maior mansão que eu já havia visto, iria me acompanhar?

— Não tenha medo. Pode me chamar de *Jardineiro* — ele apontou para uma pedra branca com escritos incrustrados em ouro, que flutuava sobre seu peito como um colar. — Conheço todas as terras do Novo Éden. Foi-me dada a capacidade de compreender geografias, relevos, vegetações, climas e plantas. Essa é minha essência.

Fiquei fascinado com aquela apresentação. Não sabia o que dizer de mim, então inclinei minha cabeça em reverência àquele incrível ser. Porém, ele não aceitou a mesura e, imediatamente, me deteve.

— Sou apenas seu servo. Venha comigo e lhe mostrarei a razão de você estar aqui.

Caminhamos pelas ruas centrais do Novo Éden. Havia muitos seres passeando ali, rindo, desfrutando e se alimentando de frutas e sementes coloridas. As ruas eram claras e douradas, como cristal refletindo a luz.[4] Não lembravam em nada as cidades que eu conhecia: cinzentas, cheias de prédios altos e construções. Tratava-se de um paraíso, com cachoeiras jorrando de colinas, e animais de todos os tipos caminhando livremente em meio aos seres. Estruturas flutuantes traziam-lhes comida: frutas, especiarias e alimentos diversos. Qualquer um podia se alimentar, a qualquer momento e de graça. Um calor agradável permeava o ambiente, dando um toque de primavera. Flocos brancos flutuavam no ar; uns se dissolviam ao tocar o solo, outros eram comidos pelos seres.[5]

Enquanto absorvia tudo que podia daquele universo inexplicável, comecei a conversar com o Jardineiro sobre a fartura no Novo Éden. Ele era um ser admirável. Espantava-me a maneira simples, mas profunda, com a qual se dirigia a mim. Ele era capaz de interpretar conceitos complexos de forma que eu entendesse.

— Existe algum tipo de pobreza ou desigualdade no Novo Éden? — resolvi perguntar. Tudo que havia visto até então me fascinava.

— Esses conceitos existem apenas no seu mundo. Não há bens individuais aqui. Tudo pertence ao Criador, e todos podem usufruir do que é dele. O que é dele é nosso também. Todos somos infinitamente supridos. Aqui não há necessidade ou carência. Este é o Reino do Espírito, e não da carne. Do rio do trono emana o sustento para nossas essências, de tal forma que sempre somos abastecidos.

— E a sua casa? Ela é tão linda e impressionante. Ela também pertence ao Criador?

Ele riu, tocando-me nos ombros. O som de sua risada me fez rir também. Senti que nos conhecíamos havia muito tempo, mas também pensei que, talvez, eu havia dito alguma besteira.

— Aquela casa é invisível no seu mundo. Ela é apenas o reflexo do meu interior. É quem sou em minha essência aos olhos do Criador. Aqui, o invisível se torna visível.

Com naturalidade, ele explicou um conceito fascinante. No Novo Éden, as casas não eram compradas como um bem. Elas externavam a alma, revelavam a essência dos seres que as habitavam. Ao contrário do que acontecia na terra, o interior era visível e se mesclava naturalmente ao exterior.

— No Novo Éden, tudo que estava oculto torna-se visível e renovado. Somos feitos novos, mas nossa essência permanece.

Lembrei-me naquele momento de alguns conceitos da terra que destoavam tanto daquela realidade. Vieram à minha mente os poderosos corruptos, o sistema econômico ganancioso, a competição desenfreada por lucro, a exploração sem limites da natureza, as guerras cruéis. Meu semblante caiu. O que eu poderia fazer para levar aquele estilo de vida tão harmônico para a terra?

— Agora você entende por que está aqui — o Jardineiro disse, respirando profundamente.

— Sim. Ver tudo isso me faz questionar: Por que a terra não pode ser assim?

— No Novo Éden não há dinheiro. O amor ao dinheiro não provém do Criador, mas da maldade do homem. Amar a algo perecível é a raiz de todos os males, pois gera cobiça, ganância, injustiça e tantas outras ramificações do mal. Apenas quando se exclui esse amor há espaço para amar a Deus. Conforme disse o Mestre, o coração só pode amar a um destes: Deus ou o dinheiro.[6] Amar o dinheiro é a origem do ódio, da imoralidade e do mal, pois se trata de um amor ilícito.

Para mim fazia sentido que o amor ao dinheiro gerasse guerras, ódio e muitas maldades. Contudo, me parecia exagerado considerá-lo um "amor ilícito". Por que alguém na terra não poderia trabalhar duro, ganhar muito dinheiro, amar seus bens e ser feliz? Por que isso era tão sério a ponto de ser ilícito?

O Jardineiro percebeu minha hesitação. Ele tocou meu braço e senti que dele fluía uma energia incrível. Fitou-me nos olhos e começou a explicar com uma paciência maior do que eu esperava.

— O Novo Éden é para corações puros. Nosso sistema não é de trocas. Não é como na terra, em que o padeiro faz e vende seu pão por amor-próprio;[7] ou seja, ele ganha dinheiro ao vender o pão que produz e, com esse dinheiro, compra o que é preciso para suprir suas necessidades. No Novo Éden, não existe esse tipo de demanda porque ninguém passa necessidade. Não há troca porque tudo pertence a todos.

Ele fez uma pausa para ver se eu acompanhava sua explicação. Então, prosseguiu.

— O Grande Jardim produz com a colaboração de todos, sem o suor do esforço. Por isso, não há recompensa individual. Há apenas a recompensa coletiva: todos ganham quando todos produzem. Porém, ninguém perderia se ninguém produzisse, pois não existe falta aqui.

— Para que então produzir se não há necessidade? — perguntei, sentindo mais curiosidade do que medo de soar ignorante.

— É preciso responsabilidade para cultivar de forma apropriada, conhecer as estações, cuidar das árvores e colher as folhas de vida.[8] Cuidar da criação é uma honra e um dever compartilhados entre todos os seres do Novo Éden. Assim, não há competição, no sentido econômico. Existe quem, por natureza, gosta de competir, e o faz nos grandes jogos, por prazer. No Novo Éden há muito lazer, mas nenhuma exclusão. Aqui não existem os conceitos de superior e inferior, pois todas as grandes obras preenchem o oceano da glória do Criador. Tudo é por ele e para ele. Não há empreendimentos de glória individual desde Lúcifer.

Percebi que estava com os olhos arregalados e tentei disfarçar meu espanto. Estava chocado com suas palavras, especialmente ao pensar que perseguir a glória individual era ser semelhante a Lúcifer. Calei-me diante de tanta sabedoria sobre um universo que tão pouco conhecia.

O Jardineiro me conduziu ao anel central do Grande Jardim, onde estavam as maiores espécies de árvores. O ecossistema do Novo Éden era fascinante. Havia um rio que nutria todas as árvores com água cristalina.[9] Não era água normal; ela brilhava à semelhança de um diamante e refletia cores diferentes dependendo do ângulo em que era vista. Perguntei ao Jardineiro de que era feita a água, e ele explicou que possuía um elemento chamado *eternus*, que nutria aquele universo e fluía direto do trono do Rei, num oceano de cores.

Ao passar pelas grandes árvores, o Jardineiro me apontou um ser semelhante a ele, que colhia frutos com materiais que pareciam flutuar no ar.

— Esta é a essência dos que habitam no Novo Éden: produzir alimento, criar arte e fazer o que é belo, sem interesse egoísta ou necessidade de retorno. A cada um que aqui chega é dado um nome que revela sua essência. Não é sua profissão, cargo ou tarefa. É o que a pessoa é. Aquele ser que está colhendo tem um lindo nome. Em seu idioma, o significado seria "aquele que nutre a criação". Ele o faz para produzir novas formas de alimentos e aromas que você vê e sente aqui. São inúmeros sabores, mesclas e invenções feitos continuamente. Veja, experimente este.

O Jardineiro me estendeu uma pequena fruta semelhante ao mirtilo, de cor violeta e transparente. Em seu interior havia uma pequena esfera que brilhava com raios avermelhados. Experimentei-a, e senti uma mistura de sensações. Era suave, dissolvia na língua, e os pequenos raios acariciavam o céu da boca. Lembrei-me das balas de açúcar da minha infância, que estouravam na boca.

Notei que ele me encarava enquanto eu me deliciava com a pequena fruta. Pude então perceber que a pupila de seus olhos não era preta. Parecia um universo de constelações que brilhava por dentro. Fitando-me, proferiu palavras que mudariam minha vida.

— Quando vier morar no Novo Éden, a você será dado um novo nome, que estará escrito em uma pedra branca. Apenas você e o Criador entenderão seu significado completo.[10] Mas você será conhecido como "aquele que foi feito para criar". Aqui, criará coisas belas por toda a eternidade, para a glória do Criador Mestre.

Desabei a chorar. Foram palavras tão certeiras quanto uma espada entrando em meu peito e separando o pulmão das costelas. O Jardineiro sorriu com os olhos, feliz por eu ter descoberto algo que, para ele, era tão evidente.

— Como é possível saber se tenho o coração certo para morar no Novo Éden? Não me sinto adequado a habitar neste lugar perfeito — falei, limpando as lágrimas que ainda escorriam.

— É simples saber quem tem o coração aberto para o Novo Éden. É só ver de que modo lida com recursos na terra. Quem tem muitos recursos, mas é generoso e não avarento, entende a linguagem do Novo Éden. Quem tem recursos suficientes, mas é justo em seus negócios, e não mesquinho, conhece os princípios do Novo Éden. Quem utiliza os recursos para promover justiça, e não para acumular poder, entende a economia do Novo Éden. Quem não tem recursos, mas se apega à fé e não ao materialismo, está no caminho estreito ao Novo Éden. É igualmente fácil ver quem *não* tem o coração adequado para o Novo Éden. É o que se chama de rico, mas despreza o pobre. É o pobre que deseja ser rico e, para isso, segue o caminho da injustiça. É o empregador que abusa de seus empregados por seu ganho próprio. É o trabalhador que despreza seu dever para se beneficiar. É a pessoa que ignora a justiça, lutando apenas por interesses pessoais, enquanto seu próximo passa fome.

Colocando a mão sobre meu ombro, o Jardineiro continuou a me explicar.

— Aqui todos têm igual valor, ainda que cada essência seja diferente. Tudo o que se vê é o que se é de fato. Não há sombras, apenas luz.[11] Vir ao Novo Éden depende apenas do coração. Não foi isso que o Mestre disse: "Dê de comer ao faminto, vista o nu, ajude o necessitado"?[12] Ah, você ainda aprenderá muito disso neste seu breve tempo aqui.

Ao dizer isso, ele me abraçou, como se estivesse se despedindo. Então, simplesmente sumiu. Ele estava ao meu lado direito, mas, quando olhei de novo, não havia ninguém. Sentia-me num daqueles sonhos em que se sabe estar sonhando. Porém, uma agitação interior me fez perceber que não era um sonho. *Eu estive mesmo ali,* ainda que por pouco tempo.

Assim que pisquei meus olhos, percebi que as leis extraordinárias que governavam aquele lugar se aplicavam a mim também. Numa fração de segundo, senti-me sendo levado a um enorme banquete, ao que parecia ser a maior festa que já havia visto.

O grande banquete

 eres de todas as eras, tribos e nações formavam uma multidão infinita.[1] Suas vestes variadas indicavam que todas as culturas existentes se encontravam naquele lugar. Eles haviam sido brancos, negros e índios; jovens e velhos; filósofos e escravos; príncipes e mendigos. Foram influenciados pelas culturas africanas, judaicas, greco-romanas; vinham tanto do ocidente como do oriente.[2] Experimentaram épocas de guerra ou paz; tendo sido vítimas de pestes na era medieval ou desfrutado de uma vida longa na pós-modernidade. Possuíam crenças em conceitos teológicos distintos, tendo vivido realidades completamente diferentes. No entanto, tais seres tinham algo em comum: estavam todos reunidos naquele grande banquete.

Eles conversavam animadamente ao redor de uma impressionante mesa, que brotava do solo. Era como uma árvore, porém plana e lisa. Possuía ramificações intermináveis, nas quais a multidão de seres celebrava, comendo e bebendo. Embora nascesse como uma planta, a gigantesca mesa era também uma belíssima peça artística, entalhada com desenhos e escritos de um idioma que eu desconhecia.

A mesa parecia se estender por quilômetros. Eu era incapaz de ver até onde ia. Atravessava jardins, bosques e florestas. Outras árvores frondosas a rodeavam,

proporcionando uma agradável sombra aos convidados. Sobre ela, havia alimentos semelhantes ao que eu havia visto no Grande Jardim. O aroma delicioso de pratos exóticos e o som de conversa e risadas me chamavam para tomar assento.

A música ambiente me atraía, levando-me a apreciar sua linda harmonia. Uma atmosfera de nobreza pairava sobre o lugar. Todos eram reis e rainhas, todavia, sem escravos ou vassalos para os servirem, pois serviam-se mutuamente.[3] Em minha mente, comecei a imaginar os possíveis encontros que tal ambiente proporcionaria entre pessoas que marcaram a história. Como seriam as conversas entre o apóstolo Paulo e C. S. Lewis? Sobre o que falariam a rainha Ester e Florence Nightingale, ou Filemom e William Wilberforce?

Ao me assentar em uma das ramificações da mesa, percebi que estava ao lado de quatro seres que viveram em uma época muito antes da minha. Eu não os conhecia, mas havia ouvido sobre eles.

Na terra, foram chamados de *Pais da Igreja*. Tratava-se de Clemente de Alexandria (150-215), Cipriano de Cartago (210-258), Basílio de Cesareia (330-379) e Ambrósio de Milão (340-397). Ao lado de muitos outros seres, os quatro riam e conversavam, efusivos com a alegria de participar do grande banquete. Eles me pareciam eloquentes como príncipes, mas puros como crianças.

Enquanto comiam frutas de cores infinitas, compartilhavam suas histórias, testemunhando como haviam chegado ali. Um grego, o outro, africano; um turco, o outro, europeu. Todos marcaram profundamente sua época, tendo vivido tanto em riqueza quanto em pobreza.

Cipriano estava contando sua história. Ele nascera em uma família rica na cidade de Cartago, capital romana no norte da África. Quando se converteu a Cristo, aos 35 anos de idade, desfez-se de suas riquezas e deu-as aos pobres. Dois anos depois, foi eleito bispo de Cartago, tornando-se um dos mais influentes líderes da Igreja africana. Aos 48 anos, foi martirizado na perseguição do imperador Valeriano.[4]

Cipriano despejou seu coração completamente, sua face reluzindo num sorriso sincero. Ao fim do relato sobre sua vida, chegou a uma conclusão impactante.

— A riqueza terrena é para ser evitada como se fosse inimiga, e temida por seus possuidores como se fosse veneno.[5]

As palavras de Cipriano testificavam sua essência: em vida, ele dera tudo o que tinha aos pobres para seguir a Cristo. Após sua fala, permanecemos quietos por um momento, absorvendo o que havia sido dito. Então, ele continuou o raciocínio.

— Os que querem ficar ricos caem em tentação, pois o amor ao dinheiro é a raiz de todos os males. O Senhor nos convida a desprezar as riquezas pessoais. Que recompensa nos dá por essas perdas pequenas e insignificantes? Ele diz que ninguém que tenha abandonado bens deixará de receber a vida eterna. Por isso, não devemos temer perder, mas, sim, desejar perder.[6] Pois perder no mundo é ganhar com Cristo.

Depois de ouvir atentamente a essas palavras, Clemente se levantou. Era um homem de barba longa, com aparência muito erudita. Ele havia nascido em Atenas, na Grécia, e se tornara conhecido por liderar a comunidade cristã em Alexandria, no Egito. Foi mestre da filosofia grega e escreveu muitos livros em sua época.

— Se é assim, *quem é o rico que será salvo?*[7] Deus tornou possível o que parecia impossível aos homens. Quando Jesus disse ao jovem rico: "Venda os seus bens e dê o dinheiro aos pobres",[8] ele não quis dizer, como alguns supõem superficialmente, que devemos jogar fora tudo o que temos e abandonar nossas propriedades. Pelo contrário, disse que devemos banir as atitudes relacionadas à riqueza que permeiam a vida, tais quais desejos, interesses e ansiedade. São essas coisas que se tornam espinhos e sufocam a semente da vida. As palavras de Jesus não focam o ato visível, e sim algo maior, mais divino e perfeito: despir a alma e a mente dos desejos, erradicando as preocupações por coisas materiais.[9]

Um silêncio momentâneo pairou no ar. Os ouvintes revelavam profundo respeito a ambos os homens. Cipriano voltou a falar.

— Como podem os ricos seguir a Cristo se estão presos pelas correntes de seu patrimônio? Eles pensam que possuem as riquezas, quando, na verdade, são possuídos por elas. Não são senhores de seu dinheiro, mas escravos de suas propriedades. Se os ricos seguissem o que Jesus dissera, e dessem sua riqueza aos pobres, não pereceriam por causa delas.[10]

— Quando nosso Senhor foi recebido por Zaqueu — contrapôs Clemente —, que era um homem rico, coletor de impostos, ele não ordenou que desse suas posses. Pelo contrário, mandou que suas riquezas fossem usadas de forma justa para providenciar comida aos famintos, água aos sedentos, abrigo aos sem-teto e roupa aos nus. Ora, se é possível fazer essas coisas apenas com riquezas, por que o Senhor demandaria que as rejeitássemos? Se agíssemos assim, não seríamos capazes de compartilhar, alimentar e dar apoio! Isso não faria sentido algum![11]

— Irmãos! — Cipriano fixou os olhos em seus ouvintes. — Lembrem-se da vida cristã no tempo dos apóstolos. Eles venderam casas e terrenos e alegremente deram tudo o que tinham para que o valor fosse distribuído entre os necessitados. Ao se libertarem de suas posses terrenas, transferiram seus títulos à eternidade, às casas que seriam deles para sempre. Esta foi a recompensa de suas boas obras e unidade no amor: a vida eterna.[12]

Neste momento, todos à mesa perceberam que os dois partiam de pontos diferentes. Enquanto Clemente cria que a riqueza era útil para fazer o bem,[13] Cipriano pensava que a riqueza deveria ser evitada para se alcançar a vida eterna. Um considerava a riqueza como dádiva, o outro, como obstáculo.

— Preciso discordar de seu pensamento, Cipriano — disse Clemente, polidamente. — As riquezas são providenciadas por Deus para o bem-estar de todas as pessoas. Elas estão sob nosso controle, e devemos usá-las bem. A riqueza é a ferramenta, não o artesão. Não devemos culpar algo que é neutro, que não traz em si mesmo nem bem, nem mal. Sendo seres humanos, temos a habilidade de decidir de que forma vamos usar o que nos tem sido dado. Por isso, não devemos nos lamentar por termos posses, mas, sim, destruir as paixões da alma que nos impedem de usar a riqueza sabiamente.[14]

Depois das belas palavras de Clemente, os convivas se entreolharam. Após um breve descompasso quanto a quem falaria, levantou-se Basílio. Ele havia nascido em uma família cristã aristocrática da Capadócia, atual Turquia. Fundou muitos monastérios e se tornou um bispo relevante em sua região. Em 372, construiu o famoso hospital de Cesareia, que abrigou muitos estrangeiros, pobres, leprosos, mutilados e enfermos. Para minha surpresa, em vez de defender um dos lados, Basílio apresentou uma terceira visão.

— Há dois tipos de tentação: as aflições que testam os corações e a própria prosperidade da vida. Quando as coisas vão mal, é difícil não ficar deprimido; quando vão muito bem, é igualmente difícil não se encher de orgulho.[15] O Senhor não nos ensinou a rejeitar e deixar as posses, como se fossem ruins, mas a administrá-las. Aqueles que são condenados não o são por possuírem coisas, mas porque fazem mau uso delas.[16] Assim, o objetivo das riquezas é a *mordomia*, e não o benefício próprio.[17]

Basílio apresentou uma via média entre a riqueza e a pobreza: a mordomia para lidar com o que se tem, o contentamento para lidar com o que não se tem e a moderação para viver apenas com o suficiente. Ele continuou sua fala, olhando para Clemente.

— O perigo de quem procura riquezas é dizer: "Não estou fazendo nada de errado a ninguém. Apenas cuido bem do que é *meu*". Do que é seu! Quem lhe deu tudo o que você tem? Assim são os ricos: eles capturam o que é de todos e reivindicam o direito de posse e monopólio. Se todos tomassem para si apenas o suficiente para suprir suas necessidades, e dessem o resto para os que precisam, não haveria rico nem pobre no mundo![18]

Ao ouvir essas palavras, Ambrósio se levantou. Ele vestia uma túnica púrpura.[19] Sua presença era imponente, apesar de ter apenas um metro e sessenta de estatura.[20] Ele havia nascido em uma família romana cristã na Gália. Cresceu em Roma e foi educado na tradição clássica. Seguiu a carreira em advocacia e se tornou governador de Ligúria-Emília, uma das principais províncias do Império Romano. Quatro anos depois, veio a ser bispo em Milão. Elegantemente, Ambrósio começou seu discurso.

— O dever do cristão é apresentar suas vantagens diante de todos em busca da igualdade. No princípio, a Terra era destinada para todos de forma igual, tanto a ricos como a pobres. Com que direito alguns a monopolizaram? Quão longe os ricos podem forçar a sua ganância?[21] Deus ordenou que as coisas fossem produzidas para o mantimento da humanidade. A natureza produziu um direito comum para todos, mas a ganância o tornou em direito para alguns.[22] Por isso, devemos ajudar uns aos outros pelo bem da sociedade, pois todos devemos considerar questões sociais como nossas próprias questões.[23] Assim, digo: nada é útil se não beneficiar a todos.[24]

Ambrósio introduziu uma quarta visão sobre a riqueza e pobreza, além da abnegação de Cipriano, da generosidade de Clemente e da mordomia de Basílio. Ele falava sobre equidade. Para Ambrósio, não seria adequado apenas cuidar bem dos recursos próprios e ter o suficiente, mas geri-los para que *todos* tivessem o suficiente.

— Às vezes — Basílio levantou seu dedo indicador — o que é útil não é o benefício de todos, mas a escassez. Sabemos que o Senhor envia calamidades para nos corrigir e levar de volta ao caminho da virtude. Porém, ainda que Deus seja nosso provedor infalível, continuamos fechando a mão ao pobre. Então, se Deus não abrir mais suas mãos para nós, é porque temos deixado de amar nossos irmãos e irmãs.[25]

— De fato, não devemos fechar as mãos ao pobre, mas o âmago da questão é: Por que aceitamos que a escassez seja apenas de alguns? — contestou Ambrósio. — Os ricos dão pouco e demandam muito em retorno. Essa é a compaixão deles: roubam até quando dizem que estão ajudando. Para eles, o pobre é fonte de lucro. Sujeitam o miserável a pagar juros mesmo quando não tem o suficiente para suas necessidades básicas.[26] De fato, Basílio, precisamos exercer misericórdia para com o pobre, pois assim imitamos a nosso perfeito Pai; mas também devemos perseguir a justiça, que diz respeito a toda sociedade e à comunidade da humanidade.[27]

O silêncio finalmente voltou àquela ramificação da mesa, rodeada de seres notáveis. Apesar de visões tão diferentes, pareciam falar a mesma língua. Havia um espírito de unidade no ar que fazia com que todos se aceitassem e se admirassem plenamente, ainda que pensassem de formas tão distintas.

— Afinal, o que tem valor eterno: a riqueza ou a pobreza?

Um ouvinte discreto se levantou atrás de mim e rompeu o silêncio. Ele sorriu aos seus ilustres companheiros de viagem na terra. Como eu, ele havia escutado a intrigante discussão e queria uma conclusão. Ele era conhecido como Agostinho (354-430), nascido em Tagaste, no norte da África. Havia sido professor de retórica em Milão, bispo em Hipona e foi uma das maiores influências do cristianismo em toda a história.

Os quatro saudaram Agostinho como um irmão amado. Aquele ambiente cordial me trouxe a sensação de que se conheciam desde sempre.

— Eu diria que a *riqueza com generosidade* tem valor eterno — Clemente respondeu primeiro. — Deus ama quem dá com alegria, quem se deleita em compartilhar seus bens sem murmuração, disputa ou remorso. Que excelente troca! Que negócio divino! Receber a imortalidade ao ceder as riquezas terrenas; dar com generosidade as coisas perecíveis deste mundo e receber em troca uma casa eterna no céu![28]

— Pois eu diria que é a *pobreza com compaixão* — falou Cipriano — como fez o Filho de Deus, que se humilhou para que uma raça devastada revivesse; que foi ferido para nos curar; que se tornou escravo para libertar os cativos; que aceitou a morte para trazer imortalidade a todos nós![29]

— Para mim, *tanto a riqueza como a pobreza* têm valor eterno, desde que se viva com mordomia — disse Basílio. — Aqui estamos todos nós! Devemos nos lembrar de quem nos dá tudo. Fomos feitos mordomos de um Deus gracioso, por isso, não podemos supor que tudo que temos foi providenciado para nossa própria barriga. O recurso que está em nossas mãos pertence também a outros,[30] independentemente de sermos ricos ou pobres.

— Para mim, *nem a riqueza nem a pobreza* têm valor eterno, e sim a justiça e a igualdade do Reino de Deus — respondeu Ambrósio. — Riqueza e pobreza implicam escassez ou fartura. Devemos buscar a riqueza das boas obras e de um caráter aprovado, pois nada tem valor a não ser o que traz lucro para a vida eterna.[31]

Então todos voltaram seus olhos para Agostinho, e Ambrósio lhe devolveu a pergunta:

— E você, meu amado irmão, o que tem a dizer? O que tem valor eterno: a riqueza ou a pobreza?

— Antes de tudo, se eu estou aqui — disse Agostinho, com os olhos brilhando em lágrimas — é por sua causa, Ambrósio.[32] Mas, se todos estamos aqui, irmãos, é porque somos servos do mesmo Rei. Logo, é nisto que creio: quer retenhamos riquezas para fazer boas obras, quer as distribuamos aos pobres para entrar no Reino dos céus, devemos atribuir nossas boas obras à graça de Deus, e não à nossa própria força.[33]

— Belas palavras! — exclamou Ambrósio, com o coro de aprovação de seus amigos.

— Durante minha vida, aprendi a não pedir por prata e ouro, honra e glória, nem pelos prazeres deste mundo, mas por graça para buscar o Reino e a sua justiça e pelo que precisamos para as necessidades do corpo e da vida.[34] Pois os olhos do meu coração foram iluminados, e vislumbrei as riquezas de nossa gloriosa herança.[35] E hoje, ei-la aqui!

Assim que Agostinho terminou sua fala, com os braços erguidos, ouvi uma voz estrondosa que ecoou naquele salão infinito:

— Louvem o nosso Deus, todos vocês, seus servos, vocês que o temem, tanto pequenos como grandes! Regozijemo-nos! Vamos alegrar-nos e dar--lhe glória! Pois chegou a hora do casamento do Cordeiro, e a sua noiva já se aprontou. Felizes os convidados para o banquete do casamento do Cordeiro![36]

Ao som de muitos instrumentos, sons e lágrimas de alegria (pois não poderia faltar lágrimas em um casamento tão belo) anunciou-se a chegada do noivo, montado em um cavalo branco. Diante do Rei dos reis, todos se prostraram: jovens e velhos, reis e escravos, sábios e leigos, ricos e pobres. Da mesma forma, naquele momento, todas as visões, doutrinas e filosofias — meros fragmentos de nossa humanidade — também se prostraram diante daquele para quem são todas as coisas e mediante quem tudo existe.

Notas

NOVO ÉDEN

[1] Thomas Morus (1478–1535) foi filósofo, advogado e político britânico, autor de *Utopia*. Ele foi martirizado pelo rei Henrique VIII, por não considerar legítimo seu divórcio.

[2] Apocalipse 22:5; Isaías 60:19.

[3] 1Coríntios 2:9.

[4] Apocalipse 21:21.

[5] Apocalipse 2:17a.

[6] Lucas 16:13.

[7] "Não é da benevolência do açougueiro, do cervejeiro e do padeiro que esperamos o nosso jantar, mas da consideração que eles têm pelos próprios interesses. Apelamos não à humanidade, mas ao amor-próprio, e nunca falamos de nossas necessidades, mas das vantagens que eles podem obter." Esta frase, do economista escocês Adam Smith (*A riqueza das nações*, 1776), resume a essência da economia liberal no mundo em que vivemos.

[8] Gênesis 2:15. Nas palavras de Abraham Kuyper, "O homem ainda se encontrava no paraíso quando recebeu a ordem para 'guardar e cultivar' o mundo material" (*O problema da pobreza: A questão social e a religião cristã*. Rio de Janeiro: Thomas Nelson Brasil, 2020, p. 99). Ou seja, o cultivo do Jardim foi um conceito criado por Deus, antes da queda do homem.

[9] Apocalipse 22:1.

[10] Apocalipse 2:17b.

[11] 1Coríntios 13:12; Lucas 8:17.

[12] Mateus 25:35-36.

O GRANDE BANQUETE

1 Apocalipse 7:9.

2 Mateus 8:11.

3 Gálatas 3:28.

4 ESPÍN, Orlando O. e Nickoloff, James B. *An Introductory Dictionary of Theology and Religious Studies*. Collegeville: Liturgical Press, 2007, p. 306.

5 Os textos deste capítulo variam entre citações e interpretações adaptadas com tradução livre do autor, buscando ao máximo não perder a essência dos argumentos. Cipriano de Cartago, *On the Lapsed*, p. 35, citado por RHEE, Helen. *Wealth and Poverty in Early Christianity*. Minneapolis: Fortress, 2017, p. 41.

6 Cipriano de Cartago. *On the Lapsed*, p. 12, citado por RHEE, 2017, p. 40.

7 Tema de um dos textos mais conhecidos de Clemente de Alexandria, originalmente em latim *Quis dives salvatur*, ou, em inglês, *Who is a rich man that is saved?*

8 Mateus 19:21.

9 Clemente de Alexandria. *The Rich Man's Salvation*, p. 11-12, citado por RHEE, 2017, p. 12.

10 Cipriano de Cartago. *On the Lapsed*, p. 12, citado por RHEE, 2017, p. 40.

11 Clemente de Alexandria. *The Rich Man's Salvation*, p. 13, citado por RHEE, 2017, p. 13-14.

12 Cipriano de Cartago. *On Works and Almsgiving*, p. 25, citado por RHEE, 2017, p. 47.

13 Segundo a historiadora Elizabeth Clark, "Clemente alegremente alarga o buraco da agulha para acolher aos ricos que dão generosamente". (CLARK, Elizabeth A. *History, Theory, Text:* Historians and the Linguistic Turn. Cambridge: Harvard University Press, 2004, p. 173).

14 Clemente de Alexandria. *The Rich Man's Salvation*, p. 14, citado por RHEE, 2017, p. 14.

15 Basílio, o Grande. *Homily 6: "I will Pull Down My Barns"*, p. 1, citado por RHEE, 2017, p. 55.

16 Basílio, o Grande. *The Shorter Rules, Question 92*, citado por RHEE, 2017, p. 69.

17 Basílio, o Grande. *Homily 7: To the Rich*, p. 3, citado por RHEE, 2017, p. 64.

18 Basílio, o Grande. *Homily 6: "I will Pull Down My Barns"*, p. 7, citado por RHEE, 2017, p. 59-60.

19 Por sua vida ilustre e relevante no setor público, diz-se que Ambrósio chegou à eternidade usando púrpura (PAYNE, Robert. *The Fathers of the Western Church*. New York: Dorset, 1989, p. 60).

20 HALL, Christopher A. *Lendo as Escrituras com os Pais da Igreja*. Viçosa: Ultimato, 1998, p. 119.

21 Ambrósio de Milão. *On Naboth*, p. 2, citado por RHEE, 2017, p. 106.

22 Ambrósio de Milão. *On the Duties of the Clergy*, 1.18.132, citado por RHEE, 2017, p. 110.

23 Ambrósio de Milão. *On the Duties of the Clergy*, 1.18.135, citado por RHEE, 2017, p. 111.

24 Ambrósio de Milão. *On the Duties of the Clergy*, 3.4.25, citado por RHEE, 2017, p. 112.

25 Basílio, o Grande. *Homily 8: In Time of Famine and Drought*, p. 2, citado por RHEE, 2017, p. 65.

26 Ambrósio de Milão. *On Tobit*, p. 11, citado por RHEE, 2017, p. 108.

27 Ambrósio de Milão. *On the Duties of the Clergy*, 1.28.130, citado por RHEE, 2017, p. 109.

28 Clemente de Alexandria. *The Rich Man's Salvation*, p. 31-32, citado por RHEE, 2017, p. 20.

29 Cipriano de Catargo. *On Works and Almsgiving*, p. 1, citado por RHEE, 2017, p. 43.

30 Basílio, o Grande. *Homily 6: "I Will Put Down My Barns"*, p. 2, citado por RHEE, 2017, p. 57.

31 Ambrósio de Milão. *Letter 2 To Bishop Constantius (Before Lent 379)*, 2.11-16, citado por RHEE, 2017, p. 112-113.

32 Em 384, Agostinho tornou-se professor de retórica em Milão e viveu uma profunda crise em meio a sua fé maniqueísta. Seu processo de conversão foi bastante influenciado pela pregação e especialmente pelo caráter bondoso de Ambrósio, que na época era Bispo de Milão (HALL, 1998, p. 120).

33 Agostinho de Hipona. *157: To Hilarius*, p. 29, citado por RHEE, 2017, p. 124.

34 Agostinho de Hipona. "For Grace". Em: POTTS, J. Manning (org.). *Prayers of the Early Church*. Project Gutenberg, 2015, § 63. Disponível em: <www.gutenberg.org/files/48247/48247-h/48247-h.htm>. Acesso em: 24 fev. 2020.

35 Efésios 1:18.

36 Apocalipse 19:7.

Entre ricos e pobres

Somos diferentes para entender as necessidades uns dos outros.

Desmond Tutu (1931–)[1]

Se pudesse, entraria no tempo da eternidade para saber de que forma viver dentro do que é finito. Embora isso seja impossível, a história é uma fonte atemporal de sabedoria. Aprendi lições valiosas ao estudar sobre riqueza e pobreza com os Pais da Igreja. Sobretudo, percebi que eles discordavam fortemente em relação ao assunto.[2] Um considerava a riqueza como dádiva, o outro, como veneno. Como seria possível viver convicto e sem culpa diante de tamanha contradição?

Este dilema histórico exige uma resposta prática de todos os cristãos: somos chamados a desfrutar das bênçãos divinas na terra ou padecer sofrimentos pela glória eterna? Enquanto uns nascem ricos, outros morrem miseráveis; enquanto uns têm a oportunidade de trabalhar e acumular riquezas, outros lutam para sobreviver. Diante de tanta diversidade, e se tivermos o poder da escolha, qual caminho devemos trilhar?

Em busca dessa resposta, dispus-me primeiro a ouvir os princípios daqueles que defendem a vida cristã na riqueza ou na pobreza. Ouvi tanto cristãos ricos vivendo na abundância e procurando ser generosos neste mundo como cristãos pobres que defendem a preferência de Deus pelos necessitados. Escutei quem defende a riqueza como instrumento de generosidade e quem a acusa como fonte de desigualdade no mundo.

Minha primeira descoberta, que se tornou uma convicção, foi que o Reino de Deus aceita tanto ricos como pobres, desde que ambos estejam sujeitos ao mesmo Rei. Nada é impossível para Deus, e aprouve a ele aceitar a todos que o seguem de todo o coração, independentemente de sua condição.[3] Entretanto, existem princípios do Reino que jamais devem ser negligenciados. Vejamos alguns deles, que são condições essenciais aos que trilham o caminho da riqueza ou da pobreza.

O caminho cristão na riqueza	O caminho cristão na pobreza
A riqueza como fruto da diligência	A pobreza como fruto da compaixão
A riqueza como forma de responsabilidade	A pobreza como forma de contracultura
A riqueza como fonte de generosidade	A pobreza como fonte de dependência

Tabela 1. O caminho cristão na riqueza e pobreza.

O caminho cristão na riqueza

A Bíblia não afirma que é pecado ser rico. Do mesmo modo que a pobreza não é garantia de virtude, a riqueza tampouco é garantia de maldade.[4] Muitos homens e mulheres de Deus foram ricos e, ainda assim, não amaram o dinheiro e viveram para Deus. Foi o caso de Abraão. Com seu trabalho, ele ajuntou muita prata e ouro,[5] mas viveu pela fé, e não pela segurança de suas riquezas.[6] Também foi o caso de José de Arimateia, homem rico e discípulo de Jesus, que generosamente doou um sepulcro para o corpo de Cristo.[7]

Porém, Jesus disse: "Como é difícil aos ricos entrar no Reino de Deus! É mais fácil passar um camelo pelo fundo de uma agulha do que um rico entrar no Reino de Deus."[8] Diante disso, de que forma seria possível um caminho cristão na riqueza que desse acesso e pertencimento a esse Reino?

Primeiramente, ele é possível quando a riqueza adquirida *é fruto da diligência*, e não de roubo, opressão ou ganância. O justo é diligente e íntegro em seu trabalho, e não se deixa levar pela preguiça, pois trabalha "de todo coração, como para o Senhor, e não para os homens".[9] Se assim faz, os recursos se tornam uma consequência natural de seu esforço. Além disso, a riqueza também é sinal da bondade de Deus, uma recompensa dele.[10] As Escrituras dizem que aquele que teme ao Senhor "comerá do fruto do seu trabalho, e será feliz e próspero".[11] Assim, o problema não é necessariamente o acúmulo de riquezas, mas a ganância e o egoísmo, desejando sempre mais e só para si.

Em segundo lugar, esse caminho é possível quando a riqueza nas mãos do cristão é uma *forma de responsabilidade* para se viver em um mundo corrompido e complexo. Na parábola do filho pródigo, é comum ouvirmos sobre a compaixão do pai, a religiosidade do filho trabalhador e o quebrantamento do filho pródigo. É incomum, porém, ouvirmos sobre a responsabilidade do pai, que trabalhou duro durante tantos anos para sustentar sua casa. Quando chegou o tão esperado dia do retorno do filho pródigo, o pai tinha o que lhe oferecer. Se não tivesse nada para dar, como o receberia de volta? Se não tivesse trabalhado e cuidado de seus bens por todos os anos em que o filho esteve ausente, de que maneira seria possível recebê-lo com abundância, comidas e honras, e tirá-lo da miséria?[12]

Por último, e talvez mais importante, é possível um cristão viver em riqueza quando ela é uma *fonte de generosidade*. Acumular sem compartilhar não é compatível com o cristianismo. A riqueza se torna perniciosa se não for liberalmente compartilhada; mas jogar riquezas fora tampouco é compatível. Jesus disse que, se temos recursos, sejamos generosos: "*Usem* a riqueza deste mundo ímpio para ganhar amigos, de forma que, quando ela acabar, estes os recebam nas moradas eternas".[13] Ainda que o caminho pelo fundo da agulha seja estreito, é possível ter riquezas e entrar no Reino dos céus. Um rico pode agradar a Deus com suas doações, como fez Cornélio.[14] O problema não é ter riquezas, mas manter o coração nelas.[15]

Assim, quando a riqueza é obtida com diligência, como forma de responsabilidade e, sobretudo, quando é usada como fonte de generosidade, ela se torna uma dádiva para o homem refletir a bondade divina.

O caminho cristão na pobreza

A pobreza material, por si só, não é um estado de maldição. Ser pobre não significa ser abandonado por Deus. Pelo contrário, Deus convida justamente o pobre a fazer parte do grande banquete de seu Reino.[16] Além disso, quando o jovem rico se aproximou de Jesus perguntando-lhe por qual caminho deveria trilhar para a vida eterna, a resposta que obteve foi que desse seu dinheiro aos pobres e seguisse a Cristo.[17] Os discípulos seguiram esse chamado e deixaram de se preocupar com bens materiais e o aumento de seu patrimônio na terra. Eles viveram com fome e sede, necessidade de roupas e sem residência certa.[18] Por amor a Cristo, renunciaram a tudo.

Porém, Jesus também disse: "Se vocês não forem dignos de confiança em lidar com as riquezas deste mundo ímpio, quem lhes confiará as verdadeiras riquezas?".[19] Diante disso, como trilhar um caminho na pobreza lidando com os recursos deste mundo de tal forma a ser digno de herdar o Reino?

Primeiro, se um cristão escolhe uma vida na pobreza, ela deve ser *fruto da compaixão*, e não da preguiça ou da irresponsabilidade. Tanto a compaixão como a preguiça podem levar à pobreza, porém é a compaixão que traz consigo virtude. Cristo se fez pobre por amor.[20] Ele abriu mão de sua glória e se humilhou, a ponto de nascer numa manjedoura, em meio ao esterco de animais; de entrar em Jerusalém humildemente montado em um jumento emprestado; de viver sem ter onde repousar a cabeça; de morrer sem roupa, pendurado numa cruz. Ele voluntariamente trilhou o caminho da pobreza compassiva, ensinando-nos a negar nossas vontades e tomar nossa cruz todos os dias.[21]

Segundo, esse caminho é possível quando a pobreza é uma *forma de contracultura*. Muitas vezes, a escolha não é de empobrecer, mas de deixar de querer enriquecer, aceitando sua condição e vivendo pela fé. Deus escolheu "os que são pobres aos olhos do mundo para serem ricos em fé e herdarem o Reino".[22] Ora, se essa foi a escolha de Deus, por que rejeitar a pobreza aos olhos do mundo? Quando Cristo exalta os pobres, dizendo, "Bem-aventurados vocês, os pobres, pois a vocês pertence o Reino de Deus",[23] ele vai na contracultura do mundo. É como se afirmasse: "Quem disse que você precisa ser rico para ser feliz?". Quando aquele que é pobre vive na contramão do mundo, com riqueza de fé, ele recebe o direito de herdar o Reino dos céus.

Por fim, o caminho na pobreza é digno de confiança quando é uma *fonte de dependência* em Deus. A riqueza traz uma sensação de estabilidade enganosa, como aconteceu com a igreja de Laodiceia.[24] A armadilha da riqueza é "ficar satisfeito com o tipo de felicidade que o dinheiro pode comprar e, assim, deixar de perceber o quanto [se] precisa de Deus".[25] Já a pobreza traz uma oportunidade de confiar em Deus, como foi o caso de uma mulher viúva, cujo azeite foi multiplicado para que pudesse pagar suas dívidas.[26]

De fato, existem pobres que são orgulhosos e acham que não precisam de Deus nem da ajuda de outros. Estes não estão no caminho estreito do Reino. Contudo, quando o caminho da pobreza leva alguém a depender de Deus e enxergar que viver é Cristo e morrer é lucro,[27] ele conduz à verdadeira vida.

O que são riqueza e pobreza?

Ambos os caminhos, o da riqueza e o da pobreza, já foram trilhados por milhões de cristãos na história. Puritanos ou franciscanos, milionários ou missionários, seus caminhos diferentes não fazem de Cristo uma contradição; fazem dele o maior dos Mestres. Nenhuma condição de vida externa pode tornar alguém melhor ou pior, pois Cristo vê o coração. Tanto o que vive em meio à riqueza com diligência, responsabilidade e generosidade quanto o que vive em meio à pobreza com compaixão, fé e dependência em Deus formam um conjunto magnífico de servos do mesmo Rei.

Contudo, é preciso especificar o que significam os termos "riqueza" e "pobreza", pois ambos representam condições de vida relativas. O dicionário define riqueza como "abundância, fartura, grande quantidade de dinheiro, posses, bens", e pobreza como "carência do necessário à subsistência". Mas o que é uma *grande quantidade* de bens e o que significa não ter o *necessário* para subsistir? O que significa exatamente ser rico ou pobre?

Cada contexto histórico, cultural e social tem uma resposta distinta a essas perguntas. Assim, vou elaborar aqui uma breve análise histórica para apresentar uma compreensão do que significa ser rico ou pobre no século 21 e, mais especificamente, no Brasil.

Em termos históricos, "desde os primórdios, a maioria dos habitantes da terra viveu de forma simples, em pobreza relativa, em um balanço frágil entre tamanho da população e recursos disponíveis".[28] No mundo antigo, baseado na agricultura e no militarismo, a riqueza e a pobreza tinham uma estrutura de soma-zero, ou seja, se alguém ganhava, era porque outro perdia. O acúmulo era limitado à quantidade de recursos disponíveis.

No mundo greco-romano, na época em que o cristianismo surgia, a economia ainda era majoritariamente agrária, mas já contava com novas tecnologias e a expansão do comércio. Porém, da mesma forma, a economia era baseada na escassez e usada principalmente para o consumo próprio e a autossuficiência.[29] A elite e os nobres (13%) possuíam bens e terras, enquanto alguns agricultores, comerciantes e servos viviam de subsistência (25%), e a maioria da população lutava pela sobrevivência em meio à pobreza (62%).

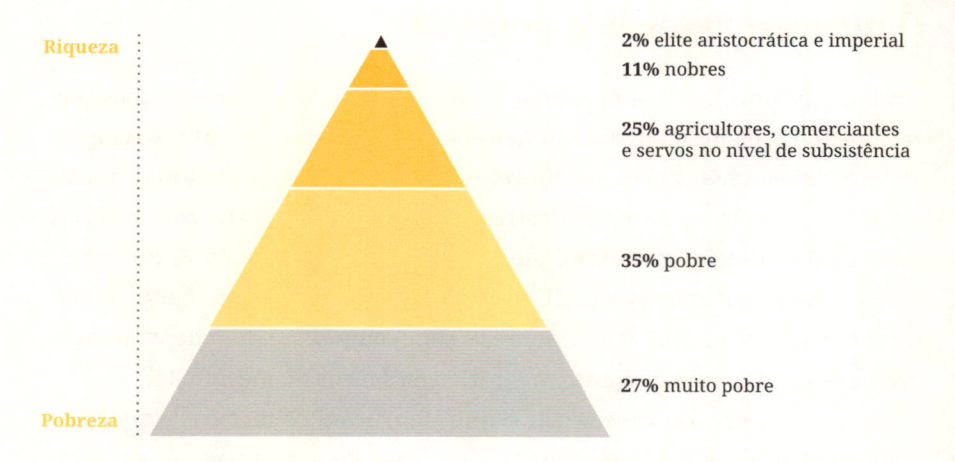

Riqueza

2% elite aristocrática e imperial
11% nobres

25% agricultores, comerciantes
e servos no nível de subsistência

35% pobre

27% muito pobre

Pobreza

Figura 1. Distribuição populacional no mundo greco-romano.
Fonte: Elaboração do autor, Rhee (2017).

Com a era dos descobrimentos e o Renascentismo, a humanidade veio a perceber que as riquezas poderiam ser criadas, e não apenas conquistadas. O progresso econômico da humanidade se deu de forma exponencial através da inovação nos centros urbanos, da produção industrial em escala, da especialização do trabalho, e, mais recentemente, da globalização e revolução tecnológica.

No século 21, a riqueza absoluta da humanidade é muito maior do que em tempos antigos. Por meio da melhoria dos serviços de saúde e educação, e do maior acesso à água, à energia e aos transportes, nos últimos duzentos anos a expectativa de vida global dobrou.[30] Contudo, ainda há mais de 700 milhões de pessoas no mundo vivendo abaixo da linha da pobreza,[31] sem os meios para suprir necessidades básicas, como comida, roupa e moradia.

O desenvolvimento econômico e o progresso da humanidade trouxeram consigo uma explosão de *pobreza relativa*, fazendo com que alguns vivessem com padrões mínimos em comparação a outros no mesmo local e espaço. Ainda que o mundo tenha experimentado uma grande progresso nos últimos séculos, a desigualdade também aumentou, gerando um abismo entre ricos e pobres.

Segundo alguns dados alarmantes publicados pela Oxfam em 2020, os 22 homens mais ricos do mundo têm mais dinheiro do que todas as mulheres na África; os 2.153 mais ricos possuem juntos mais do que

4,6 bilhões de pessoas.[32] Portanto, hoje em dia, o problema não é apenas a pobreza absoluta, mas também a pobreza relativa.

Embora aparentemente simples, termos como "riqueza" e "pobreza" são complexos de se definir. O Banco Mundial estima que 10% do mundo pode ser considerado *muito pobre*, e 36%, *pobre*.[33] Enquanto isso, estudos do banco Credit Suisse demonstram que 0,9% do mundo é *muito rico* e 9,8% é *rico*.[34] Assim, apesar de a realidade hoje ser bem diferente de vinte séculos atrás, ela mantém uma estratificação social muito semelhante, na qual *muitos têm pouco* e *poucos têm muito*.

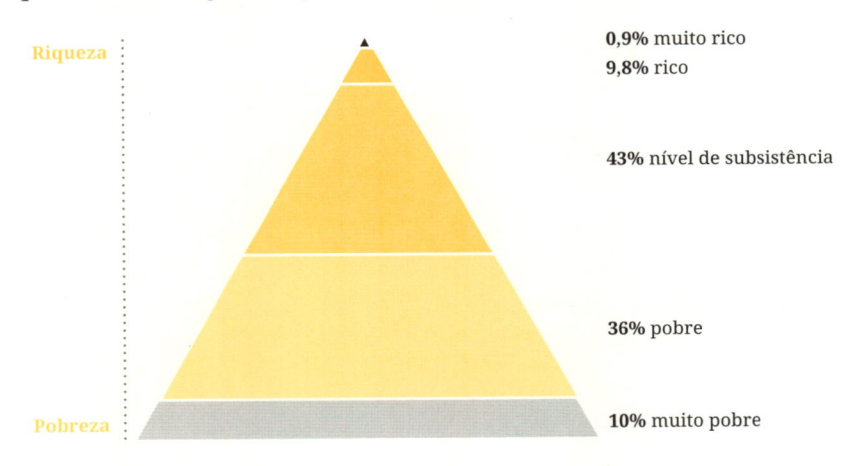

Figura 2. Distribuição populacional global de acordo com renda e patrimônio.
Fonte: Elaboração do autor, Banco Mundial (2018) e Credit Suisse (2019).

A desigualdade atual no planeta é estratosférica. Enquanto há tribos vivendo de caça e coleta no interior da África, há países como Luxemburgo, com apenas 600 mil habitantes e um PIB maior do que o de doze países africanos juntos. Além disso, há também uma enorme desigualdade dentro dos países. No Brasil, estima-se que seja preciso nove gerações (225 anos) para que os descendentes das famílias mais pobres alcancem a renda média da população.[35] Este é o mundo em que vivemos: o elevador da mobilidade social está quebrado e não há previsão de conserto.

A tabela abaixo compara a renda mensal domiciliar per capita das diferentes classes sociais no Brasil.[36] Apesar de ser uma análise insuficiente, uma vez que o Brasil é uma nação extremamente diversa e complexa, o objetivo é situar o leitor diante desse contexto de riqueza e pobreza, a fim de ver, na prática, a diferença entre o *muito pobre*, o *pobre*, a classe média (que chamo aqui de *nem rico nem pobre*), o *rico* e o *muito rico*.

N.º de pessoas no lar	Muito pobre (6%)	Pobre (34%)	Nem rico nem pobre (50%)	Rico (10%)	Muito rico (< 1%)
Renda mensal per capita domiciliar no Brasil					
1	< R$ 145	R$ 145-376	R$ 376-6.629	R$ 6.629-27.744	> R$ 27.744
2	< R$ 290	R$ 290-752	R$ 752-13.258	R$ 13.258-55.488	> R$ 55.488
3	< R$ 435	R$ 435-1.128	R$ 1.128-19.887	R$ 19.887-83.232	> R$ 83.232
4	< R$ 580	R$ 580-1.504	R$ 1.504-26.516	R$ 26.516-110.976	> R$ 110.976
5	< R$ 725	R$ 725-1.880	R$ 1.880-33.145	R$ 33.145-138.720	> R$ 138.720

Tabela 2. Renda mensal per capita domiciliar no Brasil.
Fonte: Elaboração do autor, IBGE 2017.

Metade da população brasileira se encaixa na categoria que vive na subsistência, ou seja, *nem rico nem pobre*.[37] Outros 40% são pobres ou muito pobres, e apenas cerca de 10% são ricos ou muito ricos. Infelizmente, a realidade brasileira ainda é muito semelhante à que temos visto desde os primórdios da história da humanidade.

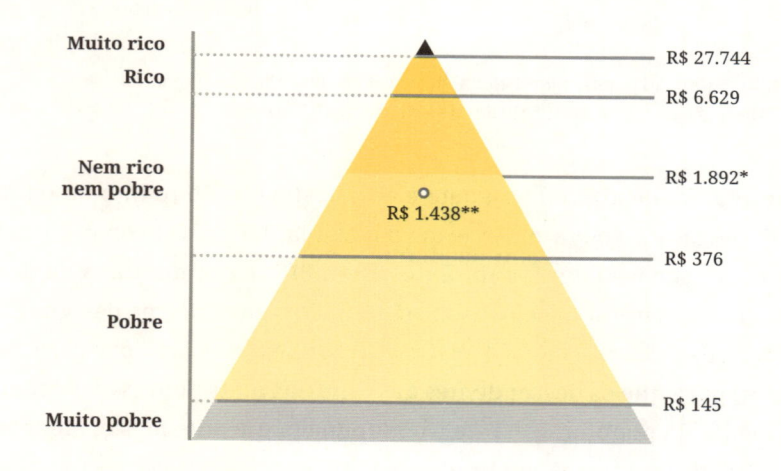

Figura 3. Distribuição de renda mensal domiciliar per capita no Brasil.[38]
Fonte: Elaboração do autor, IBGE 2017, FGV Social.

* Como há uma enorme diferença de faixa de renda dentro desta categoria, baseei-me em uma nota de corte da FGV Social para dividi-la em duas subcategorias: nem pobre (R$ 376-1.892) e nem rico (R$ 1.893-6.629). Ver FGV Social (<portal.fgv.br/en/fgv-social>).
** Média da renda domiciliar per capita em 2019: R$ 1.438 (IBGE, 2019).

Veja qual é sua própria condição de vida. Para descobrir onde você se enquadra, some a renda mensal de todos que moram com você e divida pelo número de pessoas. Onde você se encontra na pirâmide de riqueza e pobreza da sociedade brasileira?

Outros caminhos cristãos

Uma vez que entendemos um pouco melhor o que significa ser rico ou pobre no Brasil,[39] e já vimos a possibilidade dos caminhos cristãos na riqueza e pobreza, é preciso entender os caminhos cristãos possíveis para a categoria de indivíduos que não são *nem ricos nem pobres*. Como poderiam pessoas comuns — estudantes, donas de casa, funcionários, autônomos, idosos — trilhar seus caminhos seguindo a Cristo para além dos caminhos da riqueza ou pobreza?

Existem outras formas de se viver a vida cristã. Uma delas é satisfazer-se com o necessário, sem aspirar por riquezas, mas também sem abraçar a pobreza. Este é o *caminho da moderação*, em que se atravessa tanto a necessidade como a fartura, almejando a simplicidade e aprendendo o segredo de viver contente diante de qualquer situação.

Além dele, outro caminho possível é o de viver inconformado com a opressão, pobreza e desigualdade, dedicando-se à equidade entre as pessoas. Este é o *caminho da transformação*. Ele é diferente da abundância generosa, da renúncia dos bens ou do contentamento tranquilo, pois seu propósito é mudar as estruturas e os sistemas em prol da igualdade social.

Assim, vemos que há diferentes caminhos, para pessoas distintas, dentro de um mesmo Reino. Contudo, diante de tamanha desigualdade socioeconômica e diversidade cultural, a pergunta que permanece é: Podem caminhos *tão diferentes* revelar juntos uma mesma economia do Reino?

Notas

[1] Desmond Tutu (1931-): sul-africano, arcebispo da Igreja Anglicana e vencedor do prêmio Nobel da Paz em 1984 por sua luta contra o apartheid ao lado de Nelson Mandela.

[2] Os Pais da Igreja às vezes discordavam fortemente entre si (HALL, 1998, p. 199). De fato, "a questão da riqueza e da pobreza manteve-se como um tema efervescente para a comunidade cristã primitiva" (p. 191).

3   Marcos 10:23-27.

4   "Rich and Poor". Institute for Faith, Work & Economics. Disponível em: <tifwe.org/part-1-2/>. Acesso em: 31 out. 2019.

5   Gênesis 13:2.

6   Hebreus 11:8-10.

7   Mateus 27:57-60.

8   Lucas 18:24-25.

9   Colossenses 3:23.

10 Provérbios 13:21.

11 Salmos 128:1-2.

12 Lucas 15:16-24.

13 Lucas 16:9.

14 Atos 10:4. Ver capítulo 4.

15 Mateus 6:21.

16 Lucas 14:12-27.

17 Mateus 19:21.

18 1Coríntios 4:11-13.

19 Lucas 16:11.

20 2Coríntios 8:9.

21 Lucas 9:23.

22 Tiago 2:5.

23 Lucas 6:20. A palavra grega usada por Lucas e traduzida por "pobre" é *ptōchos*. Esse termo significa o extremo oposto do rico, ou seja, um pedinte, mendigo, miserável. Diferentemente do Sermão do Monte em Mateus, "Em Lucas, as bem-aventuranças se confinam essencialmente à pobreza, aos pobres, aos que choram, aos famintos, aos odiados, e seguem-se os 'ais' contra os ricos" (ESSER, H. H. *Dicionário internacional de teologia do Novo Testamento*. São Paulo: Vida Nova, 2000, p. 1687).

24 Apocalipse 3:17.

25 LEWIS, C. S. *Cristianismo puro e simples*. São Paulo: Martins Fontes, 2005, p. 73.

26 2Reis 4:1-7.

27 Filipenses 1:21.

28 REINERT, 2008, p. 241.

29 RHEE, 2017, p. *xi*.

30 "A expectativa de vida desde 1800 no Brasil e no mundo". Disponível em: <www.nexojornal.com.br/grafico/2019/08/28/A-expectativa-de-vida-desde-1800-no-Brasil-e-no-mundo>. Acesso em: 11 fev. 2020.

31 "Goal 1: End Poverty in all its forms everywhere". Disponível em: <www.un.org/sustainabledevelopment/poverty>. Acesso em: 28 fev. 2020.

32 "Time to Care: Unpaid and Underpaid care work and the global inequality crisis". Disponível em: <www.oxfam.org/en/research/time-care>. Acesso em: 10 fev. 2020.

33 "Pobreza e prosperidade compartilhada 2018: Montando o quebra-Cabeça da pobreza". Disponível em: <www.worldbank.org/en/publication/poverty-and-shared-prosperity>. Acesso em: 10 fev. 2020.

34 *The Global Wealth Report 2019*. Disponível em: <www.credit-suisse.com/about-us/en/reports-research/global-wealth-report.html>. Acesso em: 10 fev. 2020. Os dados de pobreza do Banco Mundial são conforme a renda. Os dados de riqueza do Credit Suisse são conforme o patrimômio. É uma metodologia imperfeita, cujo objetivo é providenciar apenas uma estimativa percentual da realidade.

35 OECD. *A Broken Social Elevator? How to Promote Social Mobility*. OECD Publishing, Paris, 2018. Disponível em: <doi.org/10.1787/9789264301085-en>. Acesso em: 26 fev. 2020.

36 Esta análise considera apenas renda, e não patrimônio ou custo de vida. Por exemplo, esta definição pode ser distorcida quando alguém ganha muito bem mas está endividado, ou alguém que está desempregado mas é herdeiro de muitos bens. Esta categorização foi feita

para fins de explicação dos termos "riqueza" e "pobreza" no contexto brasileiro, e não possui o intuito de ser uma profunda análise socioeconômica. Para comparar sua renda com o Brasil e o mundo, ver o site da OCDE (<www.oecd.org/statistics/compare-your-income.htm>) ou do World Inequality Database (<wid.world>).

[37] Como há uma enorme diferença de faixa de renda dentro desta categoria, baseei-me em uma nota de corte da FGV Social para dividi-la em duas subcategorias: *nem pobre* (R$ 376-1.892) e *nem rico* (R$ 1.893-6.629). Ver FGV Social (<portal.fgv.br/en/fgv-social>).

[38] O círculo no meio da pirâmide representa a média de renda domiciliar per capita em 2019: R$ 1.438 (IBGE, 2019).

[39] Esta análise de riqueza e pobreza está longe de ser exaustiva, pois não considera patrimônio, endividamento, custo de vida, dificuldades de ascensão social, discriminação, falta de oportunidades, falta de acesso a serviços essenciais, como saúde, educação, saneamento etc., que influenciam muito na condição real de riqueza e pobreza. Contudo, ao analisar a renda mensal domiciliar per capita é possível pelo menos ter uma noção de onde cada um se enquadra na pirâmide social brasileira de renda.

Os quatro perfis

Ele fez cada alma singular. Se ele não tivesse nenhum uso para todas essas diferenças, não vejo por que teria criado mais que uma alma.

C. S. Lewis (1898–1963)[1]

Alguns anos atrás, enquanto fazia um curso na Universidade de Oxford, usava as poucas horas vagas que tinha para compreender melhor os quatro caminhos que havia identificado. Uma chama genuína queimava dentro de mim em busca de sabedoria. Na majestosa Biblioteca Bodleian, cujos primórdios remontam a 1320, deparei com escritos antigos que me abriram os olhos.

Eram quase 22 horas. Eu estava praticamente sozinho na biblioteca, devorando tudo o que podia antes de o prédio fechar. Meu coração estava acelerado, e eu lia apressadamente para usufruir ao máximo do acesso à biblioteca, que me custou quase R$ 500. Então, deparei com um texto sobre riqueza e pobreza que me deixou paralisado:

> Temos quatro teorias que se contradizem de diversas formas [...] E o que fazer quanto ao futuro do cristianismo? Qual modelo pode guiar as igrejas nas próximas décadas? Qual modelo pode ajudar a moldar um futuro mais equitativo? [...] Estas são perguntas que precisamos responder.[2]

Senti um arrepio na espinha. Parecia que estava na direção certa. Eu já tinha identificado esses quatro caminhos contraditórios de que o texto falava, mas estava começando a enxergar além. Senti algo ferver dentro de mim: os quatro caminhos diferentes poderiam, de alguma forma, determinar o futuro do cristianismo. Não tive dúvidas de que os caminhos da riqueza e pobreza, da moderação e transformação — que soam tão contraditórios — fazem parte de um mesmo Reino. Mas como conciliá-los?

Inspirado pela forma de linguagem que o Mestre usava para explicar conceitos complexos, me veio à mente uma parábola para demonstrar o valor de cada um destes caminhos diante de Deus.

A fortuna inesperada

Em uma grande cidade havia um casal de idosos que temia a Deus. Eles tinham uma vida simples e contente. Naturalmente, a preocupação quanto à saúde aumentava com o passar dos anos. O marido já não podia mais andar e, muito menos, trabalhar. Sua esposa ainda ganhava a vida como empregada doméstica, embora ficasse cada vez mais esgotada com seu trabalho árduo.

Aconteceu que, numa manhã, a patroa da esposa faleceu. Uma vez que não tinha filhos, deixou uma enorme herança para ela.

A mulher e o marido oraram a Deus para saber o que fazer com tal fortuna inesperada. Depois de alguns dias, tomaram a decisão. Escolheram investir parte do valor para que, com os rendimentos, pudessem pagar um bom plano médico e suprir suas necessidades básicas: comida, vestuário e moradia. O resto da fortuna, que era ainda muito grande, foi dividido em cinco partes: doaram uma à igreja, outra a um orfanato, e distribuíram as três restantes para cada um de seus filhos.

O primeiro filho, que era um empresário bem-sucedido, perguntou aos pais: "Por que vocês não usam este dinheiro *para vocês*? Abro mão de minha parte para que desfrutem e sejam felizes!".

Eles agradeceram o coração generoso do filho e responderam: "Temos o que comer, podemos nos cuidar e não somos um peso para você e seus irmãos. De que mais precisamos para sermos felizes?".

Assim, o filho aceitou com gratidão sua parte da fortuna, como uma dádiva de Deus. Investiu em sua empresa, continuou trabalhando duro e gerou muitos novos empregos na cidade. Com parte de sua renda, financiou uma organização para pessoas com deficiência. Ele também desfrutou da vida com a família, viajando pelos quatro cantos do mundo, mas nunca deixou de ser generoso quando via alguém em necessidade.

O segundo filho, que era missionário, ao receber sua parte, perguntou: "Por que não doam tudo para o orfanato? Eu darei minha parte a eles, pois precisam mais do que nós!".

O casal respondeu: "Não doamos tudo, somente o que julgamos apropriado, conforme nosso bom senso. Você é livre para fazer o que quiser com sua parte. Muito nos alegra ver seu coração desprendido!".

Assim, o filho aceitou sua parte da fortuna e imediatamente a destinou para o orfanato, da mesma forma que havia feito com sua própria vida. Ele e a esposa dedicaram-se inteiramente a cuidar daquele orfanato e viver uma vida simples e cheia de compaixão.

O terceiro filho era um professor engajado na mudança social por meio da educação. Ao receber sua parte, perguntou: "Por que não usam o dinheiro para fundar uma escola junto ao orfanato, que tenha a melhor educação do país? Assim, os órfãos poderão ser grandes líderes e transformarão toda a região".

Para este filho, o casal respondeu com um sorriso: "Ótima ideia! Funde você mesmo a escola e use seus recursos para mudar o mundo!".

Ele aceitou sua parte. Em seguida, convenceu o prefeito da cidade a ceder uma verba pública para somar à sua fortuna e fundar uma das melhores escolas do país. Era frequentada apenas por órfãos e crianças desprezadas. Ele se tornou o diretor da escola, que passou a ser referência nacional em educação.

Após cada filho seguir seu caminho, o casal de idosos levantou as mãos aos céus e agradeceu a Deus: "Graças, Senhor, pois aonde não podemos ir, nossos filhos irão. Graças, Senhor, por nos dar o pão nosso de cada dia e por levantar aqueles que suprirão os que não o têm".

Eles seguiram sua vida, com um pouco mais do que tinham, mas simples e contentes como antes. Não retiveram muito, tampouco se desfizeram de tudo, pois entenderam que, vivendo com o necessário e distribuindo o restante, seriam bons mordomos dos recursos que Deus lhes havia concedido.

■ ■ ■

Essa história mostra quatro caminhos diante de uma fortuna inesperada:

- O primeiro filho, empresário bem-sucedido, optou por viver na riqueza com *generosidade* em relação ao próximo;
- O segundo filho, missionário, optou por viver na pobreza com *abnegação* e compaixão pelo próximo;
- O terceiro filho, professor visionário, buscou viver pautado pela *transformação*, com fome e sede de justiça na terra;

- O casal de idosos buscou viver pautado pela *moderação* com mordomia dos recursos e contentamento diante de qualquer situação.

Podemos achar que um desses caminhos é perfeito e todos os outros são imperfeitos, ou entender que *todos* são caminhos possíveis ao cristão. Podemos viver discutindo o que é melhor, viver em meio à prosperidade ou à simplicidade, prezando pelo contentamento tranquilo ou pela transformação relevante, ou crer que o Bom Pastor guiará cada um de nós para cumprir seu propósito nesta terra.

Ao jovem rico, Cristo disse para dar tudo o que ele tinha; a Zaqueu, não. Os pescadores Pedro e André abriram mão de tudo por Cristo; as discípulas Susana e Joana, não. Em alguns momentos, Deus levantou heróis para lutarem contra seus opressores, como na época dos juízes;[3] em outros, falou para o povo trabalhar pela prosperidade de seus opressores, como na Babilônia no tempo de Jeremias.[4]

O grande segredo que me foi desvendado é que esses caminhos são parte de uma figura maior, na qual não são *contraditórios*, mas *complementares*. O que soa contraditório (e tem sido em grande parte, durante dois mil anos de cristianismo) é, na verdade, uma demonstração da diversidade de dons e funções de uma mesma economia do Reino. Esses diferentes perfis podem se unir para formar um modelo que guie a Igreja no futuro, a fim de que sejamos um, e assim, o mundo conheça a Deus.[5]

Os quatro perfis

Com base nas Escrituras e numa nuvem de testemunhas na história do cristianismo, podemos encontrar quatro perfis de cristãos em relação à riqueza e à pobreza: o *doador*, o *moderado*, o *transformador* e o *abnegado*. Nenhum deles é completo por si só. Individualmente, cada um reflete a essência de Cristo de uma forma diferente. Juntos, todos formam um belo mosaico de como funciona a economia do Reino de Deus.

Cada perfil pode ser representado por um dom diferente, para que em unidade cumpramos o propósito de Deus no mundo. Segundo o apóstolo Paulo:

> Temos diferentes dons, de acordo com a graça que nos foi dada [...] Se o seu
> dom é servir, sirva; [...] se é contribuir, que contribua generosamente; se é

exercer liderança, que a exerça com zelo; se é mostrar misericórdia, que o faça com alegria.[6]

Há diferentes tipos de dons, mas o Espírito é o mesmo [...] os que têm dom de prestar ajuda, os que têm dons de administração.[7]

Dentre muitos dons bíblicos,[8] estes são alguns que se relacionam diretamente ao tema da riqueza e pobreza: contribuição, administração, misericórdia e serviço.

Perfil	Caminho	Dom	Propósito
Doador	Generosidade	Contribuição	Se o seu dom é contribuir, "que contribua generosamente".
Moderado	Mordomia	Administração	Se o seu dom é a administração ou liderança, "que a exerça com zelo".
Transformador	Justiça	Misericórdia	Se o seu dom é mostrar misericórdia, "que o faça com alegria".
Abnegado	Dependência	Serviço	Se o seu dom é servir ou prestar ajuda, "sirva com dedicação".[9]

Tabela 3. Caminhos e dons dos quatro perfis.

O doador é conhecido por contribuir generosamente; o moderado, por administrar recursos com zelo; o transformador, por sua misericórdia na luta pela justiça social;[10] o abnegado, por sua disposição em prestar ajuda. Ainda que sejam diferentes, todos têm o mesmo propósito final: dedicar-se aos outros com amor fraternal;[11] pois, se não há amor, essas diferenças geram polarização, e não unidade.

Ao reler a Bíblia nestes últimos anos com as lentes da riqueza e pobreza, um comentário da Bíblia de Estudos no livro de Tiago me chamou atenção: "A parcialidade é a antítese do mandamento do amor".[12] Ninguém é superior ao outro. Muitos de nossos conflitos acontecem por acharmos que nossa visão, ação ou condição é superior e, assim, tratamos o diferente como inferior; porém, no banquete do Rei não há superior e inferior. Sendo assim, não há sentido fazer diferença entre as pessoas, tratando-as com parcialidade.[13]

O mandamento do amor é para todos, tanto para o doador, que compartilha recursos em sua abundância, como para o abnegado, que depende deles;

tanto para o moderado, que vive contente com o que tem, como para o transformador, que vive inconformado com a desigualdade. Na economia do Reino, quem dá mais não é mais generoso do que quem dá menos. Quem luta mais não é mais relevante do que quem luta menos. Quem é enviado não é mais especial do que quem o envia.

Cada um destes perfis têm uma forma diferente de caminhar, servir e viver, segundo sua visão sobre a riqueza e pobreza. O doador desejará sempre dar com generosidade, a despeito de sua condição. O moderado buscará uma vida equilibrada, rejeitando os excessos, e vivendo contente diante da fartura ou necessidade. O transformador lutará contra a injustiça a fim de beneficiar os pobres e cuidar dos anseios e necessidades destes. O abnegado almejará uma vida de desprendimento, servindo ao próximo e se doando com compaixão.

Qual é seu perfil?

Perfil	Caminho	Dom	Como dar	Lições de vida
Doador	Generosidade	Contribuição	Dar com o coração	Desfrutar com gratidão Dar espontaneamente Alegrar-se na invisibilidade
Moderado	Mordomia	Administração	Dar com a razão	Cuidar com mordomia Viver de modo simples Contentar-se sempre
Transformador	Justiça	Misericórdia	Dar para mudar	Prestar assistência Desenvolver inteiramente Reformar a sociedade
Abnegado	Dependência	Serviço	Dar para renunciar	Perder é ganhar Renunciar para servir Depender pela fé

Tabela 4. Os quatro perfis.

Cada perfil tem lições de vida e princípios essenciais sobre o Reino de Deus, porém nenhum deles, por si só, apresenta o panorama completo. As lições de cada modelo são corretas e essenciais, mas parciais.[14] Nenhum perfil é convincente como explicação completa, nem como mandato inequívo.[15] Além disso, quando saímos de esquemas hipotéticos e deparamos com a realidade complexa, "torna-se evidente que nenhum grupo ou pessoa se adapta completamente a algum padrão".[16]

Ainda assim, perfis são úteis porque orientam na busca por respostas quanto a nosso engajamento neste mundo. Cada um deles ensina princípios-chave que desvendam as diversas facetas do Reino. Ao mesmo tempo, ao exporem nossas diferenças, aprendemos que somos limitados individualmente. E o fato de sermos limitados deve nos encorajar a "evitar os extremos e desequilíbrios e aprender com todas as visões".[17]

Quanto mais alguém defende o seu perfil de forma exclusivista — sem considerar a visão dos outros — mais distante fica de entender os valores do Reino. Todos os perfis têm lições importantes sobre como viver neste mundo, com princípios bíblicos essenciais que devem ser reconhecidos por todos que se chamam de cristãos. Uso as palavras de Timothy Keller para afirmar que aqueles que se identificam profundamente com algum perfil "devem humildemente buscar encontrar a sabedoria de outras abordagens para melhor honrar a palavra de Deus e a sua vontade".[18]

Diante dessa perspectiva, a ideia aqui é ajudá-lo a refletir sobre qual perfil faz mais sentido para você em relação à riqueza e pobreza. Alguns se enxergam prontamente em um perfil; outros, em uma mistura deles. Ainda outros não se identificam tão definidamente. Tal como nossa vocação é forjada ao longo do tempo, assim também a clareza de nossa função em relação à riqueza e pobreza.

Em algumas fases da vida, podemos seguir perfis diferentes, dependendo de nossas escolhas e responsabilidades. Meu pai, por exemplo, era um médico cirurgião que deixou tudo para ser missionário e, depois, voltou a ser médico e pastor, variando entre os perfis moderado e abnegado. Outras pessoas, porém, podem manter-se no mesmo perfil ao longo de toda a vida.

A questão não é apenas sua condição atual e seus dons natos, mas também sua vocação. Você pode ouvir a Deus chamando-o para uma vida de abnegação e, por isso, se lançar ao campo missionário; ou pode escutar o chamado de Deus para se levantar em favor de uma causa, e, assim, se dedicar pela transformação social. Você também pode entender que sua vocação é ter bastante para dar bastante, então se dedicar a trabalhar para ajudar quem precisa; outra possibilidade é viver com o suficiente, sendo um exemplo de responsabilidade e contentamento diante de um mundo corrupto e insaciável.

Assim, uma vez que compreendemos qual o propósito de Deus para o mundo e do povo de Deus no mundo, a pergunta a ser feita é: qual é o *seu* propósito no Reino de Deus neste momento de sua vida?

Todos precisamos lidar, em diversas situações, com a questão da riqueza e pobreza. Por exemplo, quando alguém lhe pede esmola na rua, o que você faz? Um pastor amigo meu, Mauricio Valdívia, dirigia pelo interior do Chile quando um pedinte se aproximou. Ele imediatamente tirou algumas moedas da carteira e lhe deu, abençoando-o em seguida. Quando perguntei sobre o assunto, ele me respondeu que sempre dá a quem lhe pede porque foi isso que Jesus ensinou.[19] Ele disse: "Não cabe a nós julgar se quem pede, merece. Apenas devemos dar".

Em outra ocasião, enquanto caminhava com o pastor John Mulinde pelas ruas de barro de Campala, na Uganda, ouvi-o dizer: "Não dê aos pedintes, para que aprendam a não implorar pelas esmolas de estrangeiros brancos". Eu era um adolescente bem-intencionado que queria dar ofertas, mas após entender melhor o contexto, aprendi uma lição valiosa: às vezes a caridade pode trazer mais mal do que bem.[20]

Há cristãos cuja motivação é dar abertamente a quem pede, e outros que preferem ponderar sobre suas doações dependendo do impacto. Estou convencido de que nenhum deles está *mais certo*, pois Deus vê o coração, e não o exterior. Por isso, não há visão certa ou errada, apenas diferente. A diferença é pré-condição no Reino de Deus. Se fossem todos iguais, não haveria um Corpo. Como escreveu a freira carmelita Teresa de Lisieux (1873-1897): "Se toda pequena flor quisesse ser uma rosa, a primavera perderia sua beleza".

Temos condições sociais e dons distintos para servirmos uns aos outros em amor. Os olhos não podem dizer às mãos: "Não precisamos de vocês", nem os pulmões aos rins: "Não precisamos de vocês". Todos precisam de todos, e cada um tem seu valor e honra sendo parte de uma mesma economia, cheia de diferenças, mas guiada por um só Rei.

Você conhecerá nos próximos capítulos mais sobre cada um dos quatro perfis. Eles são viáveis, ainda que incompletos sozinhos, diante da necessidade, desigualdade e ganância no mundo em que vivemos. O objetivo não é que você encontre seu perfil para justificar suas escolhas e se sentir superior aos outros. Pelo contrário, é que entenda o seu papel e veja que, sem o *outro*, você não é completo. Essa é a única forma de sermos uma Igreja unida que fará o mundo conhecer a Cristo.

Notas

1 Clive Staples Lewis (1898-1963): nascido em Belfast, Irlanda do Norte, professor de literatura em Oxford e Cambridge, considerado um dos maiores escritores cristãos do século 20.

2 FRIESEN, Stephen J. "Injustice or God's Will". Em: Holman, Susan R. *The Hungry are Dying: Beggars and Bishops in Roman Cappadocia*. New York: Oxford University Press, 2001, p. 36.

3 Juízes 2:16.

4 Jeremias 29:7.

5 João 17:20-21.

6 Romanos 12:6-8.

7 1Coríntios 12:4,28. Este texto apresenta o termo *kybernesis*, utilizado apenas nesta passagem na Bíblia, dentro de uma longa lista de serviços à igreja. Possui o significado de "administrar, tomar decisões referente ao governo".

8 Para uma lista completa de dons, ver WAGNER, Peter C. *Descubra seus dons espirituais*. São Paulo: Abba Press, 2009.

9 Romanos 12:7.

10 Judas 1:22-23. Mostrar misericórdia deve ir além da salvação da alma, pois não implica necessariamente em conversão.

11 Romanos 12:10.

12 OSBORNE, Grant R. Comentários no livro de Tiago. *ESV Study Bible*, p. 2393.

13 Tiago 2:1.

14 KELLER, Timothy. *Center Church*. Grand Rapids: Zondervan, 2012, p. 225.

15 Palavras do teólogo D. A. Carson sobre os modelos bíblicos em relação à cultura. Citado por KELLER, 2012, p. 189.

16 NIEBUHR, Richard H. *Christ and Culture*. San Francisco: Harper & Row, 1975, p. 44.

17 KELLER, 2012, p. 195.

18 KELLER, 2012, p. 236-237.

19 Mateus 5:42.

20 CORBETT, Steve e FIKKERT, Brian. *When Helping Hurts*. Chicago: Moody, 2014.

Não devemos jogar fora as riquezas, pois beneficiam tanto a nós mesmos como o nosso próximo [...] elas são providenciadas por Deus para o bem-estar de todos.

Clemente de Alexandria (150-215)[1]

Perfil Doador

CAMINHO	Generosidade
DOM	Contribuição
COMO DAR	Dar com o coração

Lições para vida

1. Desfrutar com gratidão
2. Dar espontaneamente
3. Alegrar-se na invisibilidade

Eu estava na caçamba de uma caminhonete, respirando a terra batida do sertão nordestino. Conversava com um jovem que havia acabado de conhecer. Em dado momento, mencionei por acaso o nome de certo empresário cristão que conhecia de São Paulo. O jovem agarrou firmemente meu braço e, não conseguindo segurar as emoções, disse:

— Esse homem é de Deus! Ele veio aqui e eu lhe contei que não tinha condições para estudar, mas que sonhava ser engenheiro. Então ele disse que pagaria pelos meus estudos. Você não acredita: hoje sou formado por causa dele!

Eu jamais imaginaria que eles se conheciam. Fiquei refletindo sobre o impacto que tal doação causou na vida daquele jovem. Ele continuou:

— Esse homem mudou minha vida! Ele me pediu para não contar para ninguém, mas estou contando para você.

Naquele mesmo ano, eu estava levantando recursos para a produção de um curta-metragem sobre inclusão social,[2] e escrevi para esse empresário cristão. Apesar de ter conseguido financiamento de outras fontes, faltava um valor para pagar pelos custos de edição e, assim, concluir o filme. Depois de pouco tempo, ele me retornou escrevendo estas singelas palavras: "Como poderia contribuir?". Ele pediu a conta da produtora e prontamente ofertou ao projeto.

As doações silenciosas desse empresário cristão se espalharam pelo Brasil e pelo mundo. Foram numerosos projetos que tiveram seu apoio financeiro. Em sua abundância, ele investiu no Reino de Deus com generosidade, sem esperar recompensa ou gratidão, pois dava de forma liberal. Assim é o *doador*, cujo coração está em compartilhar abertamente aquilo que Deus lhe concedeu.

Quem é o doador?

O doador é quem dá generosamente. Ele não é necessariamente chamado a abrir mão de seu emprego, assim como Jesus não chamou Zaqueu a deixar de ser chefe dos publicanos. Zaqueu deu mais da metade dos seus bens aos pobres, reconhecendo seus pecados e sua corrupção, mas não precisou se desfazer de tudo para que houvesse salvação em sua casa.[3]

 Cristo se fez homem, se fez vulnerável e dependente do recurso de doadores. Ele demonstrou que, enquanto uns vão, outros dão, como Gaio, cuja hospitalidade era desfrutada por toda a igreja.[4] O doador não se preocupa necessariamente com a igualdade de bens, mas em compartilhá-los. Seu papel não é transformar pobres em ricos, mas estar aberto de tal forma a refletir o amor de Cristo por meio de sua generosidade.

O doador é qualquer pessoa que contribua de maneira espontânea e liberal. Ele não precisa ser rico; é naturalmente atraído a ajudar financeiramente e contribuir com famílias, projetos sociais ou missões. Ele se alegra em ser participante da obra por meio da disposição em contribuir generosamente, pois crê que há maior felicidade em dar do que em receber.[5]

Meu avô José, que faleceu aos 101 anos, trabalhou como gerente de banco por toda a vida e recebeu uma aposentadoria considerável. Seu nome era conhecido na cidade de São Carlos, SP, por todos os moradores de rua. Desde quando eu era criança e ia visitá-lo, a campainha de sua casa tocava muitas vezes ao dia. Eram pedintes que ele nunca rejeitava. Dava-lhes notas de R$ 10 ou até de R$ 20, sem questionar o que fariam com aquilo. Ele realmente vivia como um justo que reparte sem cessar.[6]

Um idoso pode ser doador ao ajudar necessitados ou incentivar jovens em projetos missionários. Um empresário bem-sucedido pode ser doador com ofertas generosas à sua comunidade. Um casal pode ser doador ao se dispor a doar regularmente para instituições de caridade ou projetos sociais. Uma dona de casa pode ser doadora ao dar frequentemente cestas básicas a quem precisa. Minha tia-avó Lydia, que faleceu viúva e sem filhos, viveu uma vida simples, mas fez questão de dar abertamente a todos à sua volta, enchendo-se de alegria por cada um de seus atos generosos.

Temos diferentes dons para servir a economia do Reino. Da mesma forma que todos devem evangelizar, mas apenas alguns são evangelistas, todos os cristãos devem dar, mas apenas alguns têm o dom da contribuição.[7] Estes têm o coração disposto a prover sustento e alívio a outros, independentemente dos recursos de que dispõem. O doador usa recursos terrenos para um propósito eterno. Ele acredita que a abundância é uma dádiva, desde que seja compartilhada com generosidade, e não com mesquinhez.

Dessa forma, o estilo de vida do doador está ancorado nestas três principais lições:

- Desfrutar com gratidão;
- Dar espontaneamente;
- Alegrar-se na invisibilidade.

Essas expressões representam o caminho da generosidade, no qual o doador aprende a desfrutar da imensa generosidade de Deus, a dar com todo o coração e a se alegrar por refletir a bondade divina através de suas boas ações.

Lições do doador

DESFRUTAR COM GRATIDÃO

> *Felizes são os que têm riquezas e que entendem que elas vêm do Senhor, pois os que possuem essa mentalidade serão capazes de fazer algum bem.*
>
> Hermes de Filipópolis (aprox. 95-155)[8]

Era um lindo fim de tarde na praia do porto da Barra, em Salvador. Eu estava remando de pé em um *stand up paddle*, e adentrei-me ao fundo do mar até ficar inteiramente só, olhando o sol se pôr no horizonte silencioso. Aquele momento magnífico me fez admirar tanto o Criador. Quando o sol vermelho foi engolido pelo oceano, ouvi uma salva de palmas vinda da praia. Era um louvor espontâneo ao Criador. Ainda que os que aplaudiam não tivessem a intenção de adorá-lo, ele estava pintando os céus com cores singulares, em uma apresentação artística incomparável. Esta é a essência de Deus: ele é cheio de amor para com o homem,[9] dá o que é bom e faz a terra produzir,[10] nos provendo de tudo ricamente, *para a nossa satisfação.*[11]

Deus é a fonte de toda a generosidade. Ele deu a obra-prima de sua criação — o Jardim do Éden — a Adão e Eva para que cuidassem e desfrutassem dela.[12] Sem dúvida, um presente imerecido. Como minha esposa diz, imagine se o mundo não tivesse cores nem formas, e tudo fosse igual? O Senhor criou algo muito belo e nos deu abertamente.

O intuito do Criador para a humanidade nunca foi nos limitar com escassez, e sim inundar-nos com abundância. Além disso, ele nos deu a capacidade de produzir riqueza,[13] permitindo-nos criar e inovar livremente no mundo. Porém, o conceito de abundância foi manchado pela cobiça. E, devido à cobiça do homem, a busca por riquezas tornou-se a fonte de muitas maldades.

Hoje, desfrutar não é um princípio unânime no meio cristão. O ascetismo dominou a ideologia cristã por milhares de anos, conduzindo muitos ao autoflagelamento, a jejuns extremos, a celibatos obrigatórios, isolamento no deserto e pagamento de promessas para agradar a Deus. Ainda que menos pessoas trilhem esse árduo caminho hoje em dia, ainda há uma herança religiosa de "precisar fazer algo" para ser aceito, gerando culpa no descanso e privação de prazeres lícitos.

Diferentemente, o doador crê que não é preciso ser demasiadamente austero, pois isso seria negar os bons presentes do Criador.[14] Ele entende que devemos, sim, desfrutar do prazer dos sentidos, pois Deus os deu para nossa satisfação.[15] É um *desfrutar consciente*, conforme descrito em Provérbios: "Coma mel, meu filho. É bom. O favo é doce ao paladar [...] mas coma apenas o suficiente, para que não fique enjoado e vomite."[16]

Desde o Éden, Deus derrama abundância sobre o homem, pois é imensamente generoso. Não é por merecimento humano, pois ele faz chover coisas boas sobre justos e injustos.[17] Salomão pediu a Deus por sabedoria para governar seu povo, e recebeu dele muitas riquezas, ainda que não as tenha desejado. Como afirmam alguns teólogos, "quando o Senhor dá bênçãos materiais, ele não dá com mesquinhez ou condenação, mas livre e alegremente".[18]

A bênção do Senhor traz riqueza, e não inclui dor alguma.[19] Jabez clamou ao Senhor para abençoá-lo e aumentar suas terras, e foi atendido.[20] O reino de Davi prosperou pelo amor de Deus por seu povo.[21] Uzias se tornou rei aos 16 anos e, enquanto buscou o Senhor, Deus o fez prosperar.[22]

Ainda que em um mundo corrompido, essas pessoas desfrutaram da generosidade de Deus, e com isso ensinam a valiosa lição de que é preciso aprender a receber as bençãos de Deus com gratidão.

Para o doador, bens e riquezas em si são bons. De acordo com o papa Leão I, o Grande (400-461), "elas oferecem muitas vantagens à sociedade humana quando nas mãos de benfeitores generosos".[23] Para o teólogo anglicano Richard Sibbes (1577-1635): "As coisas do mundo são em si boas e dadas para adoçar nossa passagem ao céu".[24] O Senhor dá, de livre vontade, coisas boas aos seus filhos, inclusive riquezas. E, assim, como diz as Escrituras, "quando Deus concede riquezas e bens a alguém e o capacita a desfrutá-los, a aceitar a sua sorte e a ser feliz em seu trabalho, isso é um presente de Deus".[25]

Desfrutar com gratidão é abraçar a generosidade de Deus. A recomendação de Eclesiastes é que desfrutemos do resultado de nosso esforço, de comer bem, do amor conjugal e da vida em si. De forma mais enfática, afirma que, ainda que um homem viva 100 anos, "se não desfrutar as coisas boas da vida, digo que uma criança que nasce morta e nem ao menos recebe um enterro digno tem melhor sorte que ele".[26]

Para o doador, as riquezas e bens são presentes de Deus para o deleite do ser humano. Ser capaz de desfrutá-los também é um presente divino. É ele quem dá e quem ensina o homem a desfrutar com gratidão. Ele quer o bem daqueles que o amam, mas seu propósito com isso é que sejamos como ele: generosos para com todos.

DAR ESPONTANEAMENTE

> *Dê a todo que te pedir, e não espere retorno porque o Pai quer que sua generosidade seja compartilhada com todos.*
>
> Didaquê (aprox. 70-150)

Desde o mundo antigo, esmolas, caridade e filantropia sempre foram praticadas. O pensamento clássico chinês valorizava a virtude da benevolência; as escrituras hindus consideravam a doação um dever imperativo; os gregos tinham a filantropia como um valor essencial à sua democracia.

Semelhantemente, a lei mosaica, do século 13 antes de Cristo, também ordenava que os judeus dessem abertamente aos que necessitavam: "Não endureçam o coração, nem fechem a mão para seu irmão pobre".[27]

Contudo, a lei mosaica foi muito além da prática de outras culturas da época: estabeleceu um sistema econômico que podia ser reiniciado em favor dos pobres, para que a desigualdade não aumentasse descontroladamente. A cada sete anos, todo escravo era libertado, e todo endividado, perdoado. Mais ainda, a liberalidade deveria ser tão grande que superasse qualquer tipo de desconfiança. Era uma generosidade magnífica: se um pobre pedisse ajuda faltando uma semana para o ano da anistia, *ainda assim*, o judeu deveria emprestar-lhe.

> Cuidado! Que nenhum de vocês alimente este pensamento ímpio: "O sétimo ano, o ano do cancelamento das dívidas, está se aproximando, e não quero ajudar o meu irmão pobre". Ele poderá apelar para o Senhor contra você, e você será culpado desse pecado. Dê-lhe generosamente, e sem relutância no coração.[28]

O argumento na lei para que os judeus dessem sem medo de se prejudicar era simples: "Pois, por isso, o Senhor, o seu Deus, o abençoará em todo o seu trabalho e em tudo o que você fizer".[29] Essa generosidade ousada tinha um consequência explícita: atrair a bênção de Deus *em tudo o que fizessem*.

A história de Israel teve grandes exemplos de liberalidade. O rei Davi ofertou 105 toneladas de ouro puro e 245 toneladas de prata refinada para a construção do templo.[30] Hoje em dia, essa quantidade de ouro e prata seria equivalente a R$ 22 bilhões![31] Ele fez uma oração sincera a Deus: "Mas quem sou eu, e quem é o meu povo para que pudéssemos contribuir tão generosamente como fizemos? Tudo vem de ti, e nós apenas te demos o que vem das tuas mãos [...] *Tudo o que dei foi espontaneamente e com integridade de coração*".[32]

Essa espontaneidade ao dar também estava bem presente nas primeiras igrejas cristãs. Aos coríntios, o apóstolo Paulo escreveu: "Vocês serão enriquecidos de todas as formas, para que possam ser generosos em qualquer ocasião e, por nosso intermédio, a sua generosidade resulte em ação de graças a Deus".[33] O enriquecimento financeiro daquela comunidade tinha o propósito de resultar em generosidade sincera que desse louvores a Deus.[34]

Dar espontaneamente é diferente de dar racionalmente. O doador não calcula o retorno, nem o quanto sua doação beneficia aquele que a recebe. Ele dá a quem lhe pede, com coração aberto, e não com questionamentos sobre a eficácia da doação. Ele entende que de graça recebeu e, por isso, de graça deve dar.[35]

Para o doador, o que define a caridade é a forma como se doa e não como se recebe. Como disse o monge gaulês Valeriano de Cimiez (aprox. 400-460), "não faz diferença para qual pedinte você dá. [...] Quando a necessidade é urgente, não é preciso discutir quem é a pessoa, pois pode ser que quando você separar o indigno de receber misericórdia, ao mesmo tempo, você deixe passar o Filho de Deus".[36]

Dar deve ser o resultado de um coração tocado e disposto.[37] Se não há boa vontade em dar, não há sentido em dar. De fato, essa generosidade sincera não irá solucionar o problema da pobreza no mundo, mas, pelo menos, é uma expressão adequada de solidariedade ao pobre.[38] Este é o dever do doador: dar o que recebeu do Senhor espontaneamente, cheio de alegria e sem relutância no coração. Assim, ao dar, ele será bem retribuído, pois Deus ama quem dá com alegria.[39]

ALEGRAR-SE NA INVISIBILIDADE

> *É o coração do doador que faz com que a doação seja*
> *estimada e preciosa.*
>
> Martinho Lutero (1483-1546)

Em uma entrevista para a CNN em 2004, o cantor cristão David Crowder falou palavras que me marcaram para o resto da vida.

> Somos mais como uma lua do que uma estrela. Porque a lua, se não fosse pelo brilho do sol, seria apenas uma bola de sujeira. Mas quando a luz de Cristo brilha em nós, é uma bela colisão. Estamos mais interessados em atrair atenção para Deus do que para nós mesmos.[40]

Essa alegria em refletir o brilho do sol é o significado mais profundo da expressão "há maior felicidade em dar do que em receber".[41] O doador é chamado para ser como a lua, sem brilho próprio. Se assim o faz, ele encontra um prazer imensurável em refletir a beleza da glória de Deus. Porém, se der com luz própria, como a de uma estrela, ainda que dê abundantemente, sua doação atrairá glória para si mesmo.

Esta é a diferença entre a filantropia moderna e a caridade cristã. Os ateus podem dar milhões para mudar a realidade dos pobres no mundo, mas eles muito possivelmente darão como *estrelas* e não como *luas*. O brilho das estrelas um dia desaparecerá, mas o brilho do sol, não. O doador dá com alegria, como se fosse para Deus, e assim acumula riquezas eternas e incorruptíveis, "com um brilho que nunca se apagará".[42]

O doador dá sem querer atrair visibilidade para si. É como a lua, que se esconde quando o sol não está brilhando sobre ela. Ele não engrandece a si mesmo diante de sua caridade. Quando ajuda alguém, não pensa na impressão que causará; apenas ajuda, com discrição e simplicidade.[43] Além disso, o doador não calcula o retorno, mas dá "sem esperar receber nada de volta".[44]

Deus ama os que dão francamente, conforme o coração, sem sentir pesar nem a obrigação de ter de ajudar.[45] Quantas vezes eu já dei pensando apenas que era a coisa certa a se fazer. Mas a percepção do dever não capta a grandeza do que é dar com alegria. Para o doador, não importa tanto o quanto é dado; importa mais o estado do coração com o qual se dá. Aquele que semeia com fartura,[46] ou seja, com liberalidade de coração, colherá com fartura. Esta é uma das maiores recompensas do doador: a pura e rara alegria em dar.

Alegrar-se na invisibilidade é aprender a ser coadjuvante. É prestar ajuda em segredo para que ninguém veja a sua importância. Esta é a generosidade que toca o coração de Deus: pura, secreta e sem brilho próprio. E a estes, Jesus promete que o Pai os recompensará. Como diz o livro de Provérbios, "Quem é generoso será abençoado, pois reparte o seu pão com o pobre"[47] e "Quem trata bem os pobres empresta ao Senhor, e ele o recompensará".[48]

A generosidade humana reflete a divina. Para o doador, dar é a razão pela qual ele está no planeta. Ele busca ser o reflexo de nosso bom Pai que está nos céus.[49] Ele desfruta com consciência e gratidão, dá com espontaneidade e integridade e alegra-se na generosidade sem retorno. Este é seu papel: *reanimar corações* em necessidade,[50] usando recursos terrenos para alegremente refletir a generosidade divina.

Notas

1 Tito Flávio Clemente (150-215). Escritor, filósofo e apologista cristão nascido em Atenas, que ensinou na escola cristã de Alexandria e é considerado o mais erudito dentre os Pais da Igreja de fala grega.

2 O nome deste curta-metragem é "Cross the Line", produzido pela Phanton Films, e se encontra no YouTube.

3 Lucas 19:8-9.

4 Romanos 16:23.

5 Atos 20:35.

6 Provérbios 21:26.

7 STOTT, John. *The Grace of Giving*: 10 Principles of Christian Giving. Peabody: Hendrickson, 2008.

8 Hermes de Filipópolis (aprox. 95-155). Bispo de Filipópolis, na província romana da Trácia (atual Bulgária), morto como mártir e considerado um dos Setenta Discípulos.

9 Neemias 9:17.

10 Salmos 85:12.

11 1Timóteo 6:17.

12 Gênesis 2:15-16. Todas as árvores eram lícitas para o homem desfrutar do sabor de seu fruto, com a exceção da árvore do conhecimento do bem e do mal.

13 Deuteronômio 8:18.

14 STOTT, John. *Os cristãos e os desafios contemporâneos*. Viçosa: Ultimato, 2014, p. 336.

15 EDWARDS, Jonathan. *Sermons and Discourses*: 1723-1729. Vol. 14. Ed. digital. London: Yale University Press, 1997.

16 Provérbios 24:13; 25:16.

17 Mateus 5:45.

18 GARRET, Duane e HARRIS, Jenneth. Comentários no livro de Provérbios. ESV Study Bible, p. 1152.

19 Provérbios 10:22.

20 1Crônicas 4:10.

21 1Crônicas 14:2.

22 2Crônicas 26:5.

23 Leão Magno. Sermon 10 (November 444), citado por RHEE, 2017, p. 142.

24 SIBBES, Richard. *Works of Richard Sibbes*: Miscellaneous Sermons & Indices. Carlisle: Banner of Truth Trust, 1982, p. 412.

25 Eclesiastes 5:9.

26 Eclesiastes 6:3.

27 Deuteronômio 15:7-8.

28 Deuteronômio 15:9-10.

29 Deuteronômio 15:10b.

30 1Crônicas 29:4-5.

31 Com o preço do grama do ouro a cerca de R$ 200 e do grama da prata a R$ 2,40 no início de 2020, o valor de 105 toneladas de ouro (R$ 21 bilhões) e de 245 toneladas de prata (R$ 588 milhões) representaria cerca de R$ 22 bilhões. Vale notar, contudo, dois aspectos: (1) que estes valores em toneladas podem ter sido estimados para representar ordem de grandeza, e não um valor exato; e (2) que essa conversão em reais é superficialmente estimada, pois não revela o real valor econômico do ouro e prata há milhares de anos. De qualquer forma, este valor serve de representação de quão generosa foi a oferta espontânea do rei Davi.

32 1Crônicas 29:14-17.

33 2Coríntios 9:11.

34 2Coríntios 9.14.

35 Mateus 10:8.

36 BAILEY, Lisa. Chapter 12: Preaching in Fifth Century Gaul. Em: DUPONT, Anthony; BOODTS, Shari; PARTOENS, Gert; LEEMANS, Johan (orgs.). *Preaching in the Patristic Era*: Sermons, Preachers, Audiences in the Latin West. Leiden: Brill, 2018, p. 258.

37 Êxodo 35:20-29.

38 STOTT, 2014, p. 334.

39 2Coríntios 9:7b.

40 "Crowder on CNN, 2004". Disponível em: <dcbplus.weebly.com/dcbtda-news-archive/crowder-on-cnn>. Acesso em: 1 fev. 2020.

41 Atos 20:35.

42 Daniel 12:3.

43 Mateus 6.2-4.

44 Lucas 6:35.

45 2Coríntios 9:7a.

46 2Coríntios 9:6.

47 Provérbios 22:9.

48 Provérbios 19:17.

49 Bethel Church Sermon of the Week. Podcast "Money". 23 de outubro de 2016.

50 Filemom 1:7b.

Exemplos bíblicos: Joana, Cornélio e as igrejas da Macedônia

Que o lugar, dignidade ou riqueza de ninguém o encha de orgulho; que a condição inferior ou pobreza de ninguém o rebaixe.

Inácio de Antioquia (35-107)[1]

O doador apresenta importantes lições de vida sobre desfrutar com gratidão, dar com generosidade e alegrar-se em refletir a bondade de Deus. São muitos os exemplos bíblicos de doadores, mas este capítulo se aprofundará em três que ajudam a ilustrar esse perfil: a discípula Joana, o centurião romano Cornélio e as igrejas da Macedônia. Após esses três exemplos, veremos alguns conselhos ao doador, com ensinamentos importantes sobre possíveis armadilhas e dificuldades de quem trilha esse caminho.

Exemplos bíblicos de doadores

JOANA: VIVENDO COMO DOADORA

Certo dia, após longa caminhada sob o sol a pino, Jesus estava cansado, com sede e fome. Ele sentou-se à beira do poço e pediu água a uma mulher samaritana. Enquanto isso, os discípulos iam à cidade *comprar comida*.[2]

Com que dinheiro os discípulos foram comprar comida? Eles haviam deixado tudo para seguir a Cristo e viviam de forma plenamente abnegada. Pedro, Tiago e João largaram seus barcos de pesca na praia, "deixaram tudo e o seguiram".[3] Muitas vezes, experimentavam milagres que supririam suas necessidades, como quando Pedro pagou impostos depois de jogar o anzol, pescar o primeiro peixe no mar, abrir sua boca e encontrar ali uma moeda valiosa.[4] Contudo, os milagres não excluíam a realidade de que precisavam se alimentar no dia a dia.

De que forma, então, os discípulos obtinham recursos para comprar comida? A resposta é que nem todos que seguiam a Cristo haviam deixado tudo.

> Jesus ia passando pelas cidades e povoados proclamando as boas-novas do Reino de Deus. Os Doze estavam com ele, e também algumas mulheres que haviam sido curadas de espíritos malignos e doenças: Maria, chamada Madalena, de quem haviam saído sete demônios; Joana, mulher de Cuza, administrador da casa de Herodes; Susana e muitas outras. *Essas mulheres ajudavam a sustentá-los com os seus bens.*[5]

Joana era uma das mulheres que contribuía com seus recursos para o ministério itinerante de Jesus e dos discípulos. Essa era a sua função. Enquanto eles passavam pelas cidades, anunciando as boas-novas do Reino de Deus, ela era uma das responsáveis por suprir suas necessidades materiais. As doações, por sua vez, eram guardadas numa bolsa de dinheiro, administrada por Judas.[6] Era dessa forma que os discípulos compravam comida e pagavam as despesas das viagens.

Joana era de classe social média ou alta, e nada indica que deixou de sê-lo. Em sua época, não era comum que mulheres casadas viajassem com homens que não fossem seus esposos.[7] Joana não abandonou seu marido, nem deu todos os bens aos pobres para seguir a Cristo. Pelo contrário, usou-os para contribuir com o ministério de Jesus. E, por mais que Judas fosse ladrão e roubasse do que era colocado na bolsa de dinheiro,[8] ela ofertava generosamente para Jesus e os discípulos.

O marido de Joana, Cuza, trabalhava na casa de um homem sujo e maldoso: Herodes Antipas, tetrarca da Galileia. Ele adulterou com a cunhada e assassinou o primo de Jesus, João Batista, após ser seduzido pela dança sensual de uma adolescente.[9] Herodes foi quem ridicularizou Jesus com um manto vermelho.[10] Ele entregou-o a Pilatos, que acabou matando-o. Mas Joana amava tanto a Cristo que estava entre as primeiras mulheres a saber que ele havia ressuscitado.[11]

Ironicamente, os bens de Joana, que sustentaram Cristo durante seu ministério, vinham do próprio Herodes. Seu marido era o administrador da casa de Herodes, uma função comparável hoje à de chefe de gabinete de um governador. Sua alta condição social fez com que a esposa tivesse recursos e pudesse ajudar um pobre e visionário carpinteiro da Galileia e seus discípulos. Assim, por meio da generosidade de Joana, aqueles homens tiveram suas necessidades supridas para mudarem o mundo.

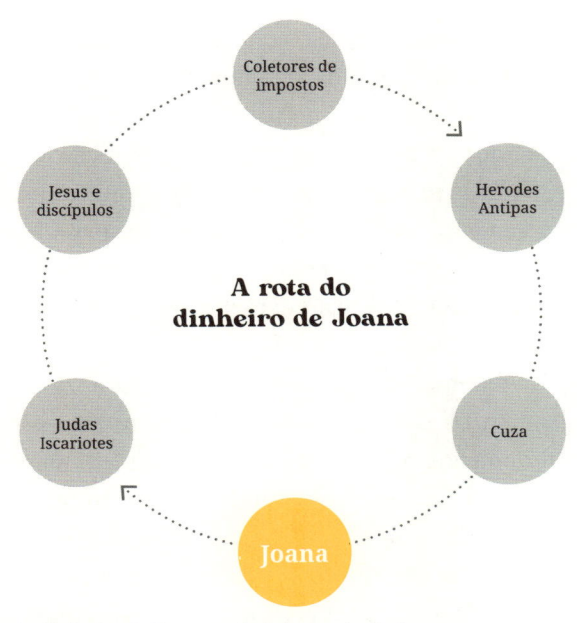

Figura 4. A rota do dinheiro de Joana na Judeia do século 1.

CORNÉLIO: DANDO GENEROSAMENTE

Contemporâneo de Joana, Cornélio era centurião do Império Romano, do qual fazia parte a Palestina. Ele morava em Cesareia, cidade na qual as relações entre judeus e gentios eram tensas. Lá teve início a primeira grande revolta judaica, em 66. Apesar de ser comandante de um império que havia dominado o mundo pela força opressora, Cornélio era um homem temente a Deus. Com sua família, ele dava "muitas esmolas ao povo e orava continuamente a Deus".[12]

Cornélio era generoso e, por isso, era respeitado por todo o povo judeu.[13] Ele não se posicionou contra as atrocidades de Roma, nem deixou sua profissão de centurião para seguir a Cristo; apenas compartilhava seus bens com o povo e buscava a Deus.

Um dia, apareceu a ele um anjo do Senhor, que lhe disse: "Cornélio, Deus ouviu sua oração e lembrou-se de suas esmolas".[14] Quão generosas devem ter sido aquelas esmolas, para que Deus se lembrasse delas, e não das atrocidades do império ao qual Cornélio servia!

Em sua vida, Jesus teve muitos encontros com soldados romanos. Um centurião pediu-lhe para curar seu servo, e Cristo disse que não tinha encontrado em todo o Israel alguém com tanta fé.[15] No momento da morte de Jesus, outro centurião romano exclamou: "Certamente este homem era justo".[16] Mesmo em um contexto político de dominação romana, alguns soldados creram naquele judeu pobre chamado Jesus de Nazaré.

Além de se lembrar das esmolas de Cornélio, Deus ouviu suas orações e levou Pedro à sua casa, para batizar a ele e toda a sua família. A graça do Senhor se derramou sobre Cornélio, e a razão disto foi porque Deus viu seu repartir e sua oração. Ele puramente demonstrava gentileza, com atos de caridade, a um povo subjugado.

Cornélio é um exemplo de que compartilhar riquezas dando esmolas aos pobres agrada a Deus. Estima-se que um centurião sênior ganhasse cerca de 10 mil denários por ano, ou seja, um salário mensal de aproximadamente R$ 40 mil nos padrões atuais da economia do Brasil.[17] Ora, certamente suas doações eram relevantes, pois ele era respeitado por todo o povo judeu, e ainda foi lembrado por Deus pela sua generosidade.

Assim como Cornélio, existem cristãos em classes altas da sociedade, com muitos recursos financeiros em mãos que serão ouvidos por Deus ao orarem continuamente e darem generosamente aos pobres. A estes ecoam as palavras de Paulo:

> Os que são ricos no presente mundo não sejam arrogantes, nem ponham sua esperança na incerteza da riqueza, mas em Deus, que de tudo nos provê ricamente, para a nossa satisfação. *Que pratiquem o bem, sejam ricos em boas obras, generosos e prontos a repartir.* Dessa forma, acumularão um tesouro para si mesmos, um firme fundamento para a era que há de vir e, assim, alcançarão a verdadeira vida.[18]

IGREJAS DA MACEDÔNIA: ALEGRANDO-SE EM DAR

Ainda que os ricos deste mundo tenham a oportunidade de ser generosos, praticar o bem e assim alcançar a verdadeira vida, o privilégio de dar pertence a todos. As igrejas da Macedônia — nas cidades de Filipos, Tessalônica e Bereia — eram pobres *e* generosas. Paulo cita tais igrejas para demonstrar o privilégio da contribuição. Mesmo em meio à extrema pobreza, os irmãos destas igrejas transbordaram em rica generosidade. Por iniciativa própria, "eles deram tudo quanto podiam, e até além do que podiam" aos pobres da Judeia.[19]

Os homens e as mulheres da Macedônia nos ensinam sobre o privilégio de participar da assistência aos necessitados. Alguns, como Lídia, vendedora de púrpura em Filipos, tinham condições melhores para ajudar outros.[20] Ela abriu sua casa para os irmãos, o que possivelmente foi o início do cristianismo na terra dos filipenses. Porém, outros irmãos daquela região, que eram muito pobres, tornaram-se exemplos de generosidade a todos nós.

Para se alegrar em dar não é preciso ser rico. De fato, nunca vi um povo tão generoso quanto o do sertão do Brasil. Certa vez, fui constrangido pela hospitalidade de uma família no interior do Piauí. Depois de uma viagem longa, num calor escaldante, chegamos a uma casa muito simples. Era no meio do sertão, sem qualquer infraestrutura básica, no auge do período da seca. Eles vieram nos receber com uma bandeja de copos com água. Deram o que tinham de mais precioso para visitas que mal conheciam. O sorriso em seus rostos revelou quão generoso era seu coração.

A graça de Deus se manifestou por meio dos irmãos da Macedônia, pois deram mesmo sendo pobres. O que mais surpreende é que *suplicaram insistentemente*[21] para ajudarem de alguma maneira. Era como se dissessem: "Não nos deixem de fora deste privilégio de ajudar os pobres de Jerusalém. Não temos comida para amanhã, mas queremos ter essa alegria em dar!".

À semelhança das igrejas da Macedônia, o doador contribui generosamente pela alegria de dar, e não por obrigação e nem devido à sua condição social.

Conselhos ao doador

Todos os perfis são incompletos. Por si só, o doador tem lições valiosas sobre como desfrutar a abundância com gratidão e ser generoso com alegria. Porém, uma das principais perguntas sobre a qual o doador deve refletir em oração é: *Como viver em abundância enquanto alguns vivem em escassez?*

Essa pergunta pode fazer doer seu coração. Será que o doador é generoso para que seu desprendimento justifique sua abundância e o exima de sentir culpa? Será que ele pode se considerar abençoado por Deus por sua abundância enquanto o próximo vive em escassez? E ainda que trate bem a seu próximo, será que doações pontuais como as de Cornélio trazem a justiça do Reino de Deus à terra?

Desfrutar da abundância do Criador contrasta de modo inegável com a escassez vivida por bilhões de pessoas. A generosidade é uma das formas cristãs de responder à pobreza, à injustiça e à corrupção neste mundo, mas não é a única. Assim, o doador deve vigiar para não ceder ao egoísmo, à ganância e ao materialismo, pois a vida cristã não se resume aos próprios interesses, mas também aos interesses dos outros.[22]

QUE SUA ABUNDÂNCIA NÃO SEJA EGOÍSTA E O TORNE CEGO AO SOFRIMENTO ALHEIO

> *Nada é mais perigoso do que estar cegado pela prosperidade.*
>
> João Calvino (1509-1564)

O profeta Zacarias delatou os que castigavam e vendiam escravos e depois diziam: "Bendito seja o Senhor, estou rico".[23] Da mesma forma, aqueles que atribuem sua prosperidade a Deus dizendo "Graças a Deus, estou rico" devem cuidar para não explorar seus empregados,[24] não negar justiça a estrangeiros ou refugiados, tratando-os com diferença,[25] e não tramar maldade contra outros.[26] Ainda que deem ofertas ou esmolas, seu dever é tratar com bondade o necessitado, pois qualquer tipo de opressão ao pobre é uma ofensa direta ao Criador.[27]

A prosperidade econômica do mundo ocidental diante da miséria global pode ser considerada uma forma sistêmica de opressão. O problema não é a riqueza em si, mas "um tipo muito específico de riqueza, a que não enxerga a pobreza e o sofrimento".[28] Em 1978, Ronald Sider escreveu um livro chamado *Cristãos ricos em tempos de fome*. Assim como Zacarias, ele delata a abundância de cristãos enriquecidos diante da extrema pobreza no mundo. Ainda hoje, diante de toda a história do cristianismo, é preciso afirmar com claras palavras: abundância não é sinônimo de bênção, assim como escassez não é sinônimo de maldição.

O doador deve lembrar que somos estrangeiros e peregrinos no mundo,[29] e que nada levaremos dele, a não ser a compaixão e o amor que demonstramos ao próximo. Quando esta vida acabar, o critério de julgamento de Jesus será o quanto cuidamos do necessitado,[30] não o quanto desfrutamos da abundância de Deus ou o quanto doamos de nossos cofres, pois a economia do Reino não é quantitativa.

QUE SUA GENEROSIDADE NÃO SEJA PARA ALIVIAR A CONSCIÊNCIA

> *O mundo diz: "Você tem necessidades — satisfaça-as.*
> *Você tem o mesmo direito que os ricos e os poderosos" [...]*
> *e eles pensam que isto é liberdade.*
>
> Fiódor Dostoiévski (1821-1881)

Deus dá riquezas a alguns para que multipliquem o dom da generosidade. No entanto, quanto maior a riqueza, maior a responsabilidade de fazer o bem. O doador deve se lembrar do perigo e do engano das riquezas, que sufocam a Palavra de Deus e impedem a semente de dar fruto.[31] Muitos são os conselhos na Bíblia para não sermos ávidos por riquezas. Zofar, amigo de Jó, fala em relação ao indivíduo avarento que "Certo é que a sua cobiça não lhe trará descanso, e o seu tesouro não o salvará".[32] Diversos autores cristãos aconselham cautela diante do dinheiro, como se fosse um circuito de fios que, se mal manejados, podem eletrocutar.[33]

Cristo ensina para termos cuidado com a ganância e que de nada vale acumular riquezas sem ser rico para com Deus.[34] Assim, se o coração do doador está centrado em acumular riquezas e doar apenas para aliviar sua consciência, ele é insensato. Que cuide para não perder a própria alma ao viver com grande quantidade de bens, descansando, comendo e alegrando-se, mas não sendo mais rico em generosidade do que em bens terrenos.

Viver na riqueza para poder ser generoso pode ser confundido com *viver com generosidade para poder ser rico*. Ou seja, usar da generosidade como uma desculpa para acumular riquezas para si. Para tais pessoas, Paulo adverte:

> Os que querem ficar ricos caem em tentação, em armadilhas e em muitos desejos descontrolados e nocivos, que levam os homens a mergulharem na ruína e na destruição, pois o amor ao dinheiro é a raiz de todos os males. Algumas pessoas, por cobiçarem o dinheiro, desviaram-se da fé e se atormentaram com muitos sofrimentos.[35]

QUE SUA BONDADE NÃO SEJA PELO INTERESSE DA RECOMPENSA

Você não viveu até que tenha feito algo por alguém que nunca poderá retribui-lo.

John Bunyan (1628-1688)

O Senhor é quem dá a capacidade de produzir riqueza.[36] Não é mérito apenas do homem a capacidade de ter e poder dar. O doador deve reconhecer isso e não se vangloriar em sua doação generosa. Ananias e Safira entregaram uma oferta generosa aos apóstolos, mas mentiram ao dizer que o valor que haviam dado era o total do que receberam pela venda da propriedade. Eles caíram mortos imediatamente por terem desejado ganhar reputação com uma *generosidade mentirosa*.[37] De fato, haviam ofertado muito, mas seu coração estava manchado pelo desejo de reconhecimento.

Cristo ensina que o doador não deve anunciar sua bondade, nem desejar ser honrado por sua generosidade. Nas palavras do Mestre, "Quando você der esmola, que a sua mão esquerda não saiba o que está fazendo a direita, de forma que você preste a sua ajuda em segredo".[38] Devemos dar sem esperar retorno ou reconhecimento humano nem tampouco divino.

Durante a era medieval, muitos faziam caridade para serem aceitos por Deus. Ela acabou se tornando uma transação comercial, uma forma de expiação de pecados. Dessa forma, o propósito principal da caridade deixou de ser aliviar o sofrimento dos que recebiam ajuda, mas alcançar mérito perante Deus.[39] Contudo, a caridade não deve buscar um propósito de retorno. O Pai recompensa aquele que dá, *desde que* sua ação generosa seja feita em secreto, pois quem doa para ser visto já recebeu sua recompensa.

QUE SUA DOAÇÃO NÃO SEJA SEM SACRIFÍCIO

Aquele que dá o que prontamente jogaria fora, dá sem generosidade; pois a essência da generosidade é o sacrifício próprio.

Jeremy Taylor (1613-1667)

O rei Davi se recusou a oferecer algo a Deus sem pagar um preço: "Não oferecerei ao Senhor, o meu Deus, holocaustos que não me custem nada".[40]

Devemos ter um coração generoso a ponto de fazermos sacrifícios por amor, independentemente do preço a ser pago. Não como os homens ricos que Jesus viu no templo, dando grandes ofertas que valiam menos do que as duas moedinhas de cobre de uma pobre viúva. Eles "deram do que lhes sobrava; mas ela, da sua pobreza, deu tudo o que possuía para viver".[41]

Deus não se impressiona com grandes quantias de ofertas que são as sobras dos ricos, mas ama o coração que dá sacrificialmente, não apenas do seu excedente.[42] Segundo está escrito em Hebreus, "Não se esqueçam de fazer o bem e de repartir com os outros o que vocês têm, pois de tais *sacrifícios* Deus se agrada".[43] O doador pode viver desfrutando com gratidão e dando com generosidade, mas jamais deve descartar o fato de que quem segue a Cristo deve estar disposto a fazer qualquer sacrifício por amor a ele.

Notas

1. Inácio de Antioquia (35-107): um dos três pais apostólicos, com Clemente de Roma e Policarpo de Esmirna. Conhecido por suceder a Pedro como bispo de Antioquia. Foi condenado à morte pelo imperador Trajano, martirizado por leões no coliseu.
2. João 4:8.
3. Lucas 5:11.
4. Mateus 17:27.
5. Lucas 8:1-3.
6. João 13:29.
7. *NIV Cultural Backgrounds Study Bible*. Zondervan: Grand Rapids, 2016, p. 1761.
8. João 12:6.
9. Mateus 14:6-12.
10. Lucas 23:11.
11. Lucas 24:10.
12. Atos 10:1.
13. Atos 10:22.
14. Atos 10:31.
15. Mateus 8:10.
16. Lucas 23:47.
17. Bible History. "Roman Centurion". Disponível em: <www.bible-history.com/sketches/ancient/roman-centurion.html>. Acesso em: 30 out. 2019. Um denário era o pagamento de um dia de trabalho. Segundo dados do IBGE, em 2019, no Brasil, a renda mensal domiciliar per capita foi de R$ 1.438, ou seja, R$ 47,93 por dia. Assim, 10 mil denários seriam equivalentes a 10 mil dias de trabalho, algo em torno de R$ 479.333 anuais, ou R$ 39.944 mensais.
18. Cf. 1Timóteo 6:17-19.
19. 2Coríntios 8:1-3.
20. Atos 16:14-15.

21 2Coríntios 8:4.

22 Filipenses 2:4.

23 Zacarias 11:4-5.

24 Isaías 58:3.

25 Levítico 19:34.

26 Zacarias 7:10.

27 Provérbios 14:31.

28 SNODGRASS, Klyne. *Compreendendo todas as parábolas de Jesus.* Rio de Janeiro: CPAD, 2014, p. 608.

29 1Pedro 2:11.

30 Mateus 25:34-40.

31 Marcos 4:19.

32 Jó 20:20.

33 PIPER, John. *Living in the Light:* Money, Sex, and Power. Epsom: The Good Book Company, 2016, p. 62.

34 Lucas 12:14-21.

35 1Timóteo 6:9.

36 Deuteronômio 8:18.

37 Atos 5:1-11.

38 Mateus 6:3-4.

39 CHATELLIER, Louis. *The Europe of the Devout:* The Catholic Reformation and the Formation of a New Society. Cambridge, Cambridge University Press: 1989.

40 2Samuel 24:24.

41 Marcos 12:44.

42 Gospel in Life. Podcast "Generosity in Scarcity". 31 de maio de 2009.

43 Hebreus 13:16.

*Considere que você tem duas filhas:
esta vida, e a vida por vir nos céus.
Se você não quiser dar tudo à causa
melhor, pelo menos reparta suas posses
igualmente. Não enriqueça demais a
uma, deixando a outra em farrapos.*[1]

Basílio de Cesareia (330-379)[2]

Perfil Moderado

CAMINHO	Mordomia
DOM	Administração
COMO DAR	Dar com a razão

Lições para vida	1. Cuidar com mordomia 2. Viver de modo simples 3. Contentar-se sempre

O mundo hoje inspira ambição e expira ansiedade. A lógica é trabalhar, acumular e consumir para vencer na vida. Enquanto isso, aumentam as taxas de depressão e suicídio pelo mundo. Cerca de 800 mil pessoas se suicidam por ano, o dobro do número de homicídios. Estima-se que 16 milhões de pessoas por ano tentem o suicídio.[3] Como escreveu o historiador Yuval Harari, "A pessoa comum se sente cada vez mais irrelevante".[4] De fato, a crise da irrelevância em um mundo problemático parece assombrar a todos: ricos ou pobres, trabalhadores ou desempregados, cristãos ou ateus.

Como é revigorante conhecer pessoas que fogem dessa regra. Pessoas que são *comuns*, mas não precisam mais do que isso; que vivem neste mundo, mas não pertencem a ele.[5] Esta é a história de uma mãe de duas meninas que vive no coração da frenética cidade de São Paulo. Enquanto ela preparava a janta para comermos juntos em família, contava-nos um pouco de sua história.

— Eu era jovem e ganhava mais de R$ 20 mil em uma empresa de tecnologia. Meu futuro era promissor. Mas chegou um momento em que tivemos de tomar uma decisão.

Eu já imaginava qual era decisão, algo especialmente difícil para mulheres diante das insaciáveis demandas da sociedade atual.

— Apesar de ter crescido na carreira, deixei isso de lado para poder cuidar de minhas filhas. Graças a Deus, meu marido hoje ganha bem, e nunca nos faltou nada.

Ela não se engrandeceu por ter deixado sua carreira, mas relatou sua opção de vida com serenidade. Apesar de ter abandonado a antiga profissão, ainda trabalhava em tempo parcial como professora de inglês, mas com um salário significativamente menor.

— E o que vocês fazem com o dinheiro que têm? — perguntei, curioso, pelo fato dela parecer tão tranquila em um mundo tão agitado.

— Nós pagamos a escola das meninas antecipadamente. Ajudamos nossos sobrinhos que são órfãos. Estamos quitando algumas dívidas de nossos familiares. Também não saímos para comer e não gastamos fora, porque fazemos nossa própria comida, que é mais saudável. E, claro, aproveitamos para viajar quando podemos, em família.

Eu a percebi vivendo uma vida simples, sem ofegar-se sob o fardo das riquezas, mas cuidando bem dos recursos que tinha. Priorizava suas filhas, seu marido, sua casa, mas sem deixar de repartir e contentar-se com a vida. E, assim, vi nela o perfil moderado.

Quem é o moderado?

O moderado é quem vive com mordomia pelo que tem e contentamento pelo que não tem. É sensato, não se apega ao dinheiro e sabe cuidar de sua casa com responsabilidade.[6] Ele reconhece que tanto a riqueza quanto a pobreza possuem um propósito para o Reino, desde que se evitem os excessos de ambos lados. Sua preferência é por uma via média, vivendo de forma simples e com prudência diante de um mundo corrompido.

Os ensinamentos de João Batista servem de referência sobre como viver de forma moderada (ainda que João fosse, na verdade, um abnegado).[7] Ele recebeu muitas pessoas para batizar, enquanto pregava o arrependimento de pecados, e elas queriam saber de que maneira poderiam viver para agradar a Deus.

Aos coletores de impostos, João disse: "Não cobrem nada além do que lhes foi estipulado".[8] Eles deveriam ser íntegros e cuidar com mordomia dos recursos que lhes eram confiados. João não os exortou a dar abundantemente, como Zaqueu, ou a deixar tudo para trás, como fez o coletor de impostos Levi,[9] mas que fossem corretos com os recursos e não abusassem do povo.

Ao povo, João respondeu assim: "Quem tem duas túnicas dê uma a quem não tem nenhuma; quem tem comida, faça o mesmo".[10] Eles deveriam repartir com quem nada possuía. Isso implicaria ter um senso de comunidade, saber quem mais precisava e viver de modo simples, para que ninguém ficasse sem bens.

Aos soldados, ele deu outra diretriz: "Não pratiquem extorsão nem acusem ninguém falsamente; contentem-se com o seu salário".[11] João Batista não obrigou nenhum soldado romano a segui-lo, nem a se posicionar contra a crueldade de Roma. Ele não os instruiu a deixar a Judeia e voltar para sua terra natal, mas que se contentassem com seu salário.

Assim, a pregação do arrependimento de João Batista deixa três lições claras sobre um modo de viver adequado neste mundo corrupto:

- Cuidar com mordomia;
- Viver de modo simples;
- Contentar-se sempre.

Lições do moderado

CUIDAR COM MORDOMIA

> *Ganhe o máximo que puder, economize o máximo*
> *que puder, doe o máximo que puder.*
>
> John Wesley (1703-1791)

Essa frase de John Wesley sobre recursos é bem conhecida, embora seja facilmente mal-interpretada. Como seria possível ao mesmo tempo querer ganhar, economizar e dar o máximo? A vida de Wesley explica bem isso: quanto mais ganhava em sua profissão, mais doava, e assim não mudava seu padrão de vida; ou seja, ele buscava ganhar o máximo possível para poder dar ainda mais e, ao mesmo tempo, viver apenas com o necessário, sem gastar com excessos. Em suas palavras:

> Se você quer ser um sábio e fiel mordomo das coisas que Deus colocou em suas mãos (com o direito de retirá-las de volta quando ele quiser), faça o seguinte: primeiro, supra suas necessidades básicas — alimento e o que precisa para manter-se saudável e forte. Segundo, providencie o mesmo a sua esposa, seus filhos, servos e outros relacionados à sua casa. Quando tiver feito isto, se ainda tiver excedente, faça o bem aos da família da fé. Se ainda sobrar, "enquanto temos oportunidade, façamos o bem a todos".[12] Desta forma, você estará dando tudo o que pode.[13]

Como sugere esse conselho, antes de desfrutar ou dar, o moderado cuida das riquezas com reverência e sabedoria. Ele tem ciência de que todas as riquezas vêm de Deus, e tudo que temos pertence a ele.[14] Assim, esforça-se para evitar os excessos, tanto da abundância como da carência, pois ambos podem desviar o homem da virtude.[15]

Para o moderado, os recursos são um empréstimo de Deus. O dinheiro é dele, não nosso. Sua principal finalidade é o bem-estar de todos, e não apenas o prazer pessoal daquele que o administra. Sendo assim, é necessário cuidar com mordomia dos recursos emprestados pelo Criador: primeiro de si mesmo e de sua família, depois dos pobres e da Igreja de Deus e, por fim, da manutenção e bem-estar da comunidade.[16]

De forma resumida, a mordomia cristã tem três principais elementos:

1. *Sustentar-se a si mesmo e sua família*: ter uma vida tranquila, cuidar dos próprios negócios e trabalhar com as próprias mãos, sendo honrado e não dependendo de ninguém.[17]
2. *Poupar para necessidades futuras*: saber guardar os excessos, "pois na casa do sábio há comida e azeite armazenados, mas o tolo devora tudo o que pode".[18]
3. *Repartir com prudência*: ser equilibrado em todas as coisas,[19] inclusive em relação a como e quanto dar ao próximo.

1. Sustentar-se a si mesmo e a sua família

Sustento é uma palavra-chave para uma vida com mordomia. O moderado não esgota suas forças tentando ser rico, mas tem bom senso,[20] pois sabe que quem não sustenta a si mesmo torna-se um peso para os outros e não poderá sequer repartir. Paulo disse que trabalhava noite e dia para não ser "pesado" para ninguém em Tessalônica.[21] Além de se sustentar, o moderado também cuida de seus familiares, ciente de que, "se alguém não cuida de seus parentes, e especialmente dos de sua própria família, negou a fé e é pior que um descrente".[22]

O moderado trabalha com diligência e dá valor a seus bens.[23] Não vive de festas, bebedeiras, comilanças, mas é equilibrado em suas atitudes. Para ele, o que é prazeroso deve ser desfrutado na medida adequada, a fim de que não se torne algo maligno. Ele não gasta demais consigo mesmo, pois sabe que os que gastam excessivamente com prazeres nunca terão o suficiente. Por fim, não tem um estilo de vida extravagante,[24] não trabalha exageradamente e honra o Senhor com todos os seus bens.[25] Sua prioridade não é o acúmulo, mas o sustento.

2. Poupar para necessidades futuras

A mordomia também diz respeito a armazenar para dias de escassez. Foi o caso de José do Egito, que estocou trigo durante os sete anos de fartura e salvou a muitos da fome que atingiu a terra.[26] A prudência em poupar não é o mesmo que avareza em poupar. A parábola do rico insensato conta a história de um homem cuja terra produziu em excesso, e ele pensou: "Já sei o que vou fazer. Vou derrubar os meus celeiros e construir outros maiores, e ali guardarei toda a minha safra".[27] Ele poupou suas riquezas, mas foi chamado de *insensato* por Deus, pois pensava apenas em seu benefício.

Existe uma linha tênue entre a mordomia de poupar e a obsessão pela autossuficiência. O moderado cuida responsavelmente do que tem. Ele assume seu dever diante da vida, pagando as contas e os estudos dos filhos, por exemplo. Esse dever dos pais é mencionado nas Escrituras: "São os pais que devem juntar dinheiro para os filhos, e não os filhos, para os pais."[28] Porém, isso não significa que o moderado deva viver apenas para se sustentar, cuidar da família e, se possível, poupar para o futuro. Isso é apenas *parte* dos componentes de uma vida de mordomia diante de Deus.

3. Repartir com prudência

A mordomia cristã necessariamente requer o repartir. Se não há repartir, não há cuidado apropriado. Contudo, há diferenças entre a forma de dar do moderado e do doador. O moderado entende que deve dar para proporcionar mais bem do que mal àquele que recebe a sua ajuda. O propósito não é dar ao que necessita; é *ajudar* o que necessita. Às vezes, pode ser necessário emprestar em vez de dar,[29] a fim de gerar um bem maior a quem recebe a ajuda. O moderado também avalia sua própria condição, se é capaz de ajudar, para não correr o risco de perder até a cama em que dorme, como diz o provérbio.[30] Assim, ele administra o que tem e compartilha conforme sua possibilidade.

Para o moderado, mais importante do que dar espontaneamente é dar racionalmente. Ele segue o princípio de que a sabedoria vale mais do que as riquezas.[31] Sua lógica é que "a postura diante da riqueza deve sempre ser governada pela prioridade de buscar a sabedoria".[32] Ele não reparte abertamente com todos, mas é prudente e vê bem onde pisa.[33]

De igual modo, ele não contribui por obrigação, sentimento de culpa ou para se livrar de um pedinte. Antes, ele reflete para analisar a melhor forma de ajudar o necessitado. Mediante suas ações, segue um princípio da Didaquê, um dos primeiros documentos cristãos na época dos apóstolos: "Deixe sua doação suar em suas mãos até que saiba para quem deve dá-la".[34]

VIVER DE MODO SIMPLES

Nossos inimigos não são as posses, mas o excesso.

John V. Taylor (1914-2001)

Viver de modo simples é uma postura ousada diante da engrenagem do mundo moderno. É não comprar mais do que se necessita, não gastar mais do que se tem. É uma resposta individual a um problema global. Uma vida simples consiste em ter o suficiente, suprindo as necessidades próprias e odiando o desperdício, a avareza e o excesso.[35] Para o moderado, não é um escândalo uns terem mais do que outros, mas é um escândalo uns viverem com tanto diante de tanta escassez.

O movimento de Lausanne em 1980 juntou cristãos de todo o mundo em prol de firmar um compromisso por um estilo de vida simples. Parte da declaração dizia:

> Como cerca de 10 mil pessoas morrem de fome todos os dias, nos determinamos a simplificar nosso estilo de vida [...] Resolvemos renunciar ao desperdício, e opormo-nos à extravagância em nossa vida pessoal, em matéria de roupas e de moradia, de viagens e de templos.[36]

O problema de viver de modo extravagante em um mundo carente é, primeiro, se apegar demais ao que é material; segundo, a incoerência de ter muito, enquanto outros não têm quase nada; e, terceiro, o impacto que o consumismo excessivo causa no planeta e nas relações humanas.

Um termo econômico interessante que descreve o ser humano racional e individualista do mundo de hoje é *homo economicus*. Ele é um indivíduo solitário cuja devoção é aumentar o prazer próprio ao consumir mais bens materiais e aumentar seu lazer. Sua fórmula de felicidade é simples: consumir mais, desfrutar mais e trabalhar menos.[37] Assim, o *homo economicus* se satisfaz quando sai ganhando, sem considerar as consequências intencionais e não intencionais disso a outros.

Hoje em dia, vê-se uma rejeição cada vez maior desse estilo de vida individualista. Há um movimento de pessoas buscando viver de modo mais simples, consumir menos e pensar nas consequências mais amplas de suas atitudes. Este crescente movimento global, cada vez mais disseminado, tem sido chamado de *minimalismo*. É o conceito oposto à cultura do consumismo. Trata-se de simplificar a vida, eliminando os excessos. É desejar viver com menos, ter menos coisas, atividades e despesas.

O consumismo é tão sufocante que nos leva a preencher cada centímetro de nossos apartamentos cada vez menores com tralhas inúteis. Ele também invade nossa agenda, ocupando-nos com tarefas infinitas e encurtando o tempo disponível para nossos familiares, amigos, nós mesmos e para Deus. E ironicamente, nos leva a acumular dívidas para comprar coisas que não temos onde guardar nem tempo para desfrutar.

Apesar de o minimalismo ter despontado como um movimento secular, ele tem sido defendido por cristãos como uma forma de contracultura. Joshua Becker, em seu livro *Living with Less* [Vivendo com menos], fala sobre o minimalismo como uma forma de se organizar e dedicar menos tempo a coisas materiais e mais tempo às coisas divinas. O blog *Christian Minimalism*, de Becca Ehrlich, apoia uma vida simples, afirmando que o trabalho e a quantidade de bens não definem sua essência. Sem dúvida, priorizar a vida simples tem uma tradição muita antiga. No entanto, o atual contexto globalizado e consumista é sem precedentes na história, tornando crucial a necessidade de reconsiderar nosso estilo de vida.

O minimalismo é um movimento importante para combater a lógica materialista deste mundo, porém, ele não é uma garantia de felicidade. Viver de modo simples é *um* caminho, mas não é *o* caminho. Aprender a viver em qualquer situação, seja bem alimentado, seja com fome, tendo muito ou passando necessidade,[38] é um privilégio daqueles que conhecem a Cristo. Ele é o caminho, e a felicidade plena no muito ou no pouco se faz possível apenas com ele. Ainda assim, se muitos hoje estão buscando seguir um estilo de vida minimalista, mesmo sem conhecer a Cristo, se faz ainda mais necessário que os cristãos aprendam a enxugar seus excessos diante da inegável desigualdade no mundo.

Segundo Richard Foster, a simplicidade nos liberta da tirania do ego, das coisas e das pessoas.[39] A vida simples se faz necessária pois essas tiranias são a raiz da desigualdade. Se todos tivessem o suficiente e compartilhassem o excesso, não haveria pobres no mundo. Por isso, o moderado assume a postura de não desejar e buscar mais bens do que precisa. E, ainda mais, além de cuidar bem de recursos e viver de forma simples, ele busca contentar-se diante de qualquer situação, pois sabe que esse é o verdadeiro segredo da felicidade.

CONTENTAR-SE SEMPRE

> *Ricos são aqueles que não têm necessidade de nada.*
>
> João Crisóstomo (347-407)[40]

Um dos efeitos mais profundos desta vida simples é o contentamento, que, por definição, é a "gloriosa indiferença por posição ou bens materiais".[41] Em meio a tantas ambições profissionais e de projeção de carreira, é difícil ver hoje em dia um profissional contente. Mas contentar-se com o salário, como pregou João Batista, é viver um dos valores do Reino de Deus. Em vez de procurar o lucro de forma desenfreada, o moderado acredita que vale mais ter pouco com o temor do Senhor do que muito com inquietação.[42]

O moderado não rejeita bens, tampouco precisa de mais do que possui para viver. Ele vive de modo a "renunciar à impiedade e às paixões mundanas e a *viver de maneira sensata*, justa e piedosa".[43] Sendo assim, se o moderado tem dois, ele compartilha um. Se tem poder, busca ser justo.

Se é trabalhador, faz o que é correto e se satisfaz com seu salário; pois, conforme a Palavra de Deus diz: "Conservem-se livres do amor ao dinheiro e *contentem-se com o que vocês têm*, porque Deus mesmo disse: 'nunca o deixarei, nunca o abandonarei'".[44]

Neste mundo materialista, quem não aprende a confiar em Deus não encontra contentamento. Confiar não é viver sem responsabilidade, mas ter a certeza de que o Pai sabe do que precisamos,[45] assim como os pardais que recebem seu alimento diário de Deus e cantam a ele sem saber como será o dia de amanhã. Como escreveu Samuel Willard (1640-1707), "Um cristão igualmente suporta os bons e maus sucessos como Deus os dispensa a ele".[46] O moderado reconhece tanto o valor da fartura quanto da escassez, pois sua grande fonte de lucro é a piedade com contentamento. Assim, tendo o que comer e vestir, está satisfeito.[47]

Contentar-se sempre também significa estar satisfeito com o que *não* se tem. A história de Esaú é um exemplo marcante. Em sua juventude, havia sido enganado por seu irmão, vendido sua primogenitura, amargurado seus pais ao se casar com mulheres estrangeiras[48] e alimentado ódio por seu irmão a ponto de querer matá-lo. Como Caim, a vida se tornou amarga diante do sucesso do seu irmão. Porém, apesar de não ter recebido a bênção do pai, Isaque, quando reencontrou com Jacó muitos anos depois, disse: "Meu irmão, já tenho o suficiente".[49]

Charles Spurgeon (1834-1892) pregou sobre esta história incomum: dois irmãos dizendo que já tinham o suficiente e que não precisavam de mais.[50] Um havia sido abençoado pelo pai, o outro, não; mas ambos se contentaram com sua situação e se abraçaram sem rancor. Diferentemente de Caim, que matou o irmão, no fim das contas Esaú se contentou com o fato de não ter sido abençoado pelo pai e aceitou a condição de seu irmão. Ainda que Esaú seja descrito nas Escrituras como imoral e profano por ter vendido a primogenitura,[51] para todos nós, ele serve de exemplo de contentamento em qualquer situação.

■ ■ ■

O conto "De quanta terra precisa o homem?"[52] de Liev Tolstói (1828-1910) narra a história de Pahom, um fazendeiro cuja preocupação era não ter a própria terra, pois teria de trabalhar para os outros por toda a sua vida. Insatisfeito, ele pensa: "Se tivesse terra o suficiente, nem o diabo poderia fazer-me temer".

Depois de muito trabalho e negociação, Pahom conquista sua terra própria, obtendo uma enorme propriedade na região. Contudo, ao passar do tempo, ele se depara com um campo lindo e fértil que pertencia aos basquires. Ele decide comprá-lo, pois já via sua própria terra como seca e exaurida.

Ao conversar com os basquires, ele descobre que eles tinham uma forma muito peculiar de negociar a venda de sua terra. O preço era de mil rublos por dia de caminhada. Ou seja, o espaço até onde o comprador conseguisse ir, marcar a terra com uma pá, e voltar ao ponto de partida antes do sol se pôr, este seria sua propriedade e custaria mil rublos.

Pahom se deleita com este acordo e passa a noite toda acordado, planejando como faria sua caminhada no dia seguinte. Ele pensa: "Posso facilmente caminhar uns 50 quilômetros durante o dia. Então, toda esta terra será minha!"

Ele inicia a caminhada assim que o dia nasce, e calcula cada passo para tomar posse da maior quantidade de terra possível. Ele para apenas com o sol a pino, a fim de comer um pouco de pão e beber água. Porém, não descansa, com receio de dormir e perder tempo.

Ele segue sua jornada durante a tarde, mas o calor começa desgastá-lo. Ao ver que ainda estava longe de retornar ao local de origem, se desespera. Suas pernas começam a tremer. Ele decide ir ainda mais rápido, para não desperdiçar todo o seu esforço até então.

Com o sol para se pôr, Pahom começa a correr, jogando fora as botas, o frasco de água e o chapéu, ficando apenas com a roupa do corpo e sua pá. Desesperado, corre o máximo que pode para subir a última colina. Segundos antes de o sol se pôr, Pahom chega e despenca no chão, sob os aplausos efusivos dos que o aguardavam. Porém, quando seu servo vai levantá-lo, vê que sua boca está sangrando. Pahom está morto. O servo, então, toma a pá e cava um buraco que tem apenas o espaço suficiente para sepultar seu senhor.

A lição deste conto é a mesma pergunta que faz o moderado: De quanto você precisa para se contentar?

Notas

1. Encontrei esta frase de Basílio em um artigo de Paul Freston, "Desigualdade no pensamento social dos primeiros autores cristãos" (Ultimato, n. 382, março/abril 2020). Fiz uma pequena alteração trocando as palavras "esta vida" por "a uma" para facilitar a compreensão.

2. Basílio de Cesareia (330-379): bispo e teólogo que defendeu o Credo de Niceia diante das heresias na Igreja Primitiva. Conhecido por cuidar dos pobres e necessitados e considerado o pai do monasticismo cenobítico (comunitário).

3. "Dados de suicídio". Disponível em: <www.who.int/mental_health/prevention/suicide/suicideprevent/en>. Acesso em: 28 mar. 2020.

4. HARARI, Yuval Noah. *21 Lessons for the 21st Century*. New York: Spiegel & Grau, 2018, p. 8.

5. João 17:15-16.

6. 1Timóteo 3:1-5.

7. Mateus 3:4.

8. Lucas 3:13.

9. Lucas 5:28.

10. Lucas 3:11.

11. Lucas 3:14.

12. Gálatas 6:10.

13. John Wesley. "The Use of Money, a Sermon". Disponível em: <www.whatsaiththescripture.com/Voice/The.Use.of.Money.html>. Acesso em: 3 abr. de 2020.

14. 1Crônicas 29:12-14.

15. MILTON, John. *Defense of the People of England*. Disponível em: <www.constitution.org/milton/first_defence.htm>. Acesso em: 31 out. 2019.

16. RYKEN. Leland. *Santos no mundo:* Os puritanos como realmente eram. São José dos Campos: Fiel, 2013, p. 128.

17. 1Tessalonicenses 4:11-12.

18. Provérbios 21:20.

19. 2Timóteo 4:5.

20. Provérbios 23:4.

21. 1Tessalonicenses 2:9.

22. 1Timóteo 5:8.

23. Provérbios 12:27.

24. Êxodo 34:21.

25. Provérbios 3:9.

26. Gênesis 41:34-36.

27. Lucas 12:16-21.

28. 2Coríntios 12:14, NTLH.

29. Salmos 112:5.

30. Provérbios 22:26-27.

31. Provérbios 8:10-11.

32. GARRET, Duane e HARRIS, Jenneth. Comentários no livro de Provérbios. *ESV Study Bible*, p. 1176.

33. Provérbios 14:15.

34. O'LOUGHLIN, Thomas. *The Didache:* A Window On The Earliest Christians. Grand Rapids: Baker Academic, 2010, 1.6.

35. STOTT, 2014, p. 336.

36. *An Evangelical Commitment to Simple Lifestyle*. Lausanne Occasional Paper 20. Disponível em: <www.lausanne.org/content/lop/lop-20>. Acesso em: 1 mar. 2020.

37. RHODES, Michael e HOLT, Robby. *Practicing the King's Economy:* Honoring Jesus in How We Work, Earn, Spend, Save, and Give. Grand Rapids: Baker Books, 2018, p. 58.

38 Filipenses 4:11-12.

39 FOSTER, Richard. *Celebração da disciplina:* O caminho do crescimento espiritual. São Paulo: Vida, 2002.

40 João Crisóstomo (347–407): arcebispo de Constantinopla. O epíteto *Chrysostomos* significa "boca de ouro", dada sua capacidade oratória e eloquência. É considerado por alguns como o maior pregador cristão da história.

41 FOSTER, Richard. *A liberdade da simplicidade*: Encontrando harmonia num mundo complexo. São Paulo: Vida, 2008, p. 130.

42 Provérbios 15:16.

43 Tito 2:12.

44 Hebreus 13:5.

45 Lucas 12:29-30.

46 RYKEN, 2018, p. 116.

47 1Timóteo 6:8.

48 Gênesis 26:34-35.

49 Gênesis 33:9.

50 Charles Spurgeon. *I have enough*. Sermão 2739, 1880. Disponível em: <www.spurgeon.org/resource-library/sermons/i-have-enough#flipbook>. Acesso em: 28 mar. 2020.

51 Hebreus 12:16.

52 Liev Tolstói. *How Much Land Does a Man Need?* Disponível em <www.online-literature.com/tolstoy/2738>. Acesso em 28 de março de 2020.

Exemplos bíblicos: Agur, Timóteo e Habacuque

Dê o que você puder; Deus não pede por nada além de sua condição. Você pode dar o pão, outra pessoa o vinho, e outra as roupas. Desta forma, o necessitado será aliviado por sua contribuição conjunta.

Gregório de Nissa (335-394)[1]

O moderado apresenta ensinamentos fundamentais sobre cuidar com mordomia (sustentar, poupar e repartir), viver de modo simples e contentar-se sempre. Algumas das passagens bíblicas mais marcantes que refletem as lições de vida deste perfil são a oração do sábio Agur, a orientação a Timóteo quanto às viúvas de Éfeso e a confissão de Habacuque. Aprofundaremo-nos nesses três exemplos e, depois, veremos conselhos de vida ao moderado, sobre alguns dos principais riscos e dificuldades que ele pode encontrar em sua caminhada.

Exemplos bíblicos de moderados

AGUR: VIVENDO APENAS COM O NECESSÁRIO

Agur, filho de Jaque, foi um sábio que registrou um oráculo. Ele fez a única oração do livro de Provérbios:

> Duas coisas peço que me dês antes que eu morra: Mantém longe de mim a falsidade e a mentira; *não me dês nem pobreza nem riqueza; dá-me apenas o alimento necessário.* Se não, tendo demais, eu te negaria e te deixaria, e diria: "Quem é o Senhor?" Se eu ficasse pobre, poderia vir a roubar, desonrando assim o nome do meu Deus.[2]

Agur pede a Deus que não lhe dê nem riqueza nem pobreza, mas apenas o necessário. A riqueza poderia levá-lo a abandonar Deus; a pobreza poderia levá-lo a desonrar o Senhor. A oração de Agur é semelhante à que Cristo nos ensinou: "Dá-nos hoje o nosso pão de cada dia".[3] Ele pede para Deus o pão de *cada dia*, em vez de "dá-nos muitos grãos para enchermos nossos celeiros". Nosso Pai disse que daria coisas boas aos que lhe pedissem,[4] mas não precisamos de mais que o necessário. Podemos viver assegurados de que quem busca o Senhor de nada tem falta.[5]

O que precisamos para viver é o pão nosso de cada dia. Assim como o maná estragava se fosse acumulado,[6] o excesso atrapalha a dependência em Deus. Porém, a carência também dificulta viver de forma íntegra. Em outras palavras, a oração de Agur é: "Livra-me de extremos que me levem a pecar, e sustenta-me com o que necessito". Sua oração é uma procura pelo meio do pêndulo, o ponto de equilíbrio para uma vida íntegra, longe das tentações do excesso ou da carência.

Em seu excelente livro *Neither Poverty Nor Riches* [Nem pobreza nem riqueza], Craig Blomberg cita esse provérbio de Agur para dizer que as riquezas podem tanto desviar o coração do homem como serem usadas para glorificar a Deus. Aquele que tem riquezas pode tanto explorar o pobre para conquistar mais como pode ajudar os necessitados generosamente para glorificar a Deus. Assim como pensa o moderado, seu livro conclui que "a extrema riqueza e a extrema pobreza aparentam ser, ambas, indesejáveis".[7]

Ainda que a riqueza possa ser usada para fazer o bem, Agur demonstra que há muitos ricos e poderosos que têm dentes como espadas "para devorarem os necessitados desta terra e os pobres da humanidade".[8] Em seus esquemas imorais e sua avidez por lucro, eles aumentam a desigualdade e oprimem os pobres.

Em contrapartida, ainda que seja possível viver justamente em meio à pobreza, há também muitos que são pobres como resultado da preguiça, ociosidade e insensatez. Para estes, Agur dá o exemplo de um ser pequeno, mas muito sábio: a formiga, que armazena sua provisão para o futuro.[9] Ela se prepara no verão para enfrentar o inverno, cuidando de seus recursos para que não faltem quando precisar.

Aquele que tem muito passa por muitas tribulações, pois é difícil aos ricos entrar no Reino dos céus.[10] Por sua vez, quem tem pouco também passa por muitas tribulações, pois "até o amigo do pobre o abandona".[11] Por que, então, questiona o moderado, devemos assumir o risco de almejar a riqueza e nos esquecermos de Deus, ou de aceitar a pobreza e, talvez, vir a desonrar o Senhor?

TIMÓTEO: REPARTINDO COM PRUDÊNCIA

A primeira carta de Paulo a Timóteo ensina lições valiosas sobre repartir recursos com prudência. Ela ensina a importância de pensar antes de agir; de calcular antes de dar. Timóteo era um jovem líder da Igreja Primitiva, como um filho para Paulo;[12] ele foi enviado para Corinto,[13] Tessalônica,[14] Macedônia[15] e Éfeso.[16]

Enquanto servia em Éfeso, Timóteo recebeu a seguinte instrução: "Trate adequadamente as viúvas que são realmente necessitadas".[17] O que Paulo quis dizer com isso?

Primeiro, ele quis dizer que havia viúvas que não eram realmente necessitadas. Neste caso, quem deveria cuidar destas viúvas, antes da igreja, eram seus familiares: "Se uma viúva tem filhos ou netos, que estes aprendam primeiramente a pôr a sua religião em prática, cuidando de sua própria família".[18]

Segundo, apenas viúvas com mais de 60 anos e conhecidas por suas boas obras deveriam ser inscritas na lista das viúvas e receber doações da igreja.[19] Talvez alguém pudesse contestar: "E se houvesse uma viúva mais jovem que precisasse de ajuda? Deus não fala para ajudar viúvas e órfãos, pois esta é a verdadeira religião?"

No caso das igrejas de Éfeso, se todas as viúvas fossem ajudadas, não sobraria recursos suficientes para as que realmente necessitavam. A Igreja Primitiva nem sempre compartilhava seus bens abertamente com todos. Algumas vezes, era preciso estabelecer critérios para distribuir recursos. Neste caso, Paulo instrui Timóteo diretamente a *não* dar os recursos daquela comunidade para todas as viúvas. Ele diz:

> Se alguma mulher crente tem viúvas em sua família, deve ajudá-las. *Não seja a igreja sobrecarregada com elas*, a fim de que as viúvas realmente necessitadas sejam auxiliadas.[20]

Se Timóteo não fosse um líder moderado, como Paulo o instruiu a ser,[21] talvez a assistência espontânea a todas as viúvas viesse a ser um peso financeiro para a igreja, e os familiares não aprenderiam a honrar e cuidar de seus idosos. Assim, a lição da carta a Timóteo é que, às vezes, saber dar é mais importante do que dar abertamente, pois, de que adiantaria dar abertamente a ponto de sobrecarregar a igreja e, depois, não poder dar nada para mais ninguém?

HABACUQUE: CONTENTANDO-SE NO SOFRIMENTO

As coisas não iam bem na época de Habacuque. O povo judeu sofria terrivelmente nas mãos de inimigos, por isso, o profeta se queixa a Deus por causa da violência constante e da justiça que nunca prevalecia.[22] É o mesmo questionamento que muitos fazem hoje: se Deus é bom, por que sofremos tanto? Por que há tanta violência, injustiça e maldade no mundo?

Diante de tais questionamentos, Deus responde. Ele faz uma severa crítica aos homens maus, que correm atrás de riquezas e nunca se satisfazem, enriquecendo-se com extorsões e lucros injustos.[23] O Senhor declara abertamente sua revolta contra os criminosos[24] e os que cometem violência contra pessoas, terras e cidades.[25] Ele ainda diz que os que mataram animais e destruíram a natureza pagarão por seus pecados.[26] Por fim, afirma: "O Senhor, porém, está em seu santo templo; *diante dele fique em silêncio toda a terra*".[27]

Habacuque então responde a Deus. Ele reconhece que não cabe ao homem, tão pequeno e mau, revoltar-se contra um Deus justo e poderoso. Assim, diante de todo o seu questionamento e sofrimento, Habacuque escreve esta famosa passagem bíblica:

> Mesmo não florescendo a figueira, e não havendo uvas nas videiras, mesmo falhando a safra de azeitonas, não havendo produção de alimento nas lavouras, nem ovelhas no curral nem bois nos estábulos, *ainda assim* eu exultarei no Senhor e me alegrarei no Deus da minha salvação.[28]

Ainda assim me alegrarei. Essa é a lição do livro de Habacuque. Se o mundo se destruir, e a maldade do homem aumentar, *ainda assim* me alegrarei. Se minha vida profissional ou sentimental for um desastre, *ainda assim* me alegrarei. Se faltarem suprimentos e eu tiver muitas lutas nesta vida, *ainda assim* me alegrarei. Alegrar-se em Deus nunca está fora de estação.[29] Independentemente de lutas ou vitórias, sofrimentos ou conquistas, nosso coração sempre pode encontrar plena paz no Deus da nossa salvação.

O moderado encara tanto a prosperidade como o sofrimento por meio do contentamento. Ele busca se aquietar e saber que Deus é soberano. Ele lança suas angústias e ansiedades sobre o Pai, pois sabe que ele cuida de nós.[30] Assim, ainda que o mal se multiplique, não há nada que possa tirar a alegria daquele que coloca sua esperança em Deus.

Conselhos ao moderado

Todos os perfis são incompletos por si só. O moderado procura o equilíbrio, mas isso não deve levá-lo a pensar que as outras visões sejam desequilibradas. Além disso, por valorizar o princípio do contentamento em todas as situações, seu maior desafio é não se acomodar diante da injustiça. Por isso, uma das principais perguntas sobre a qual o moderado deve refletir em oração é: *Como viver contente diante da injustiça neste mundo decaído?*

Sabemos que o mundo jaz no maligno e que somos chamados a brilhar a luz de Cristo na terra. Sendo assim, como uma pessoa que vive de forma mansa, moderada e contente, sem incomodar ninguém, poderá lutar pelo direito dos órfãos, contra os abusos da escravidão infantil ou o tráfico sexual, contra a ganância opressora dos poderosos? Há um linha tênue entre o contentamento e o conformismo. É possível viver com fome e sede de justiça sem tentar mudar o *status quo*?

Pensando nisso, seguem alguns conselhos para o moderado considerar em sua forma de pensar e seu estilo de vida.

QUE SEU CONTENTAMENTO NÃO SEJA CÔMODO

> *O cristão não é chamado apenas a um contentamento tranquilo, mas também a um santo inconformismo.*[31]
>
> David Ortega (1951-2007)

Saber viver contente na riqueza ou na pobreza, com muito ou com pouco, é um princípio cristão. Porém, não querer trabalhar e deixar de levar pão à mesa é uma *preguiça cômoda*. Certa vez, conheci uma pessoa que estava tão satisfeita com sua própria vida, que não saía de seu lugar para nada.

Apesar de ter um filho, este não era prioridade o suficiente para que se dedicasse e vivesse responsavelmente.

Por outro lado, trabalhar duro, viver bem e desfrutar do seu próprio conforto, deixando de pensar no próximo, é o que se pode chamar de *egoísmo cômodo*. Contentar-se não é nem abdicar de lutar para vencer na vida, aceitando sua condição precária, nem apenas olhar para si, desfrutando muito, mas deixando de ver a necessidade do próximo.

Contentamento não é o mesmo que comodismo; pelo contrário, ele passa pela renúncia ao consumismo e pelo abandono dos desejos. A viúva pobre ofertou suas duas moedinhas de cobre, ainda que estivesse passando por necessidade.[32] Ela é um exemplo de que devemos fugir da autocomiseração e do comodismo mesquinho. O *contentamento verdadeiro é incômodo*, pois exige renunciar a vida dia após dia para seguir a Cristo. O moderado deve ser desafiado a sair de sua zona de conforto, pois, se quiser salvar sua vida, a perderá, mas se perder sua vida por Cristo, a encontrará.[33]

QUE SEU COMODISMO NÃO PERPETUE A INJUSTIÇA

> *A fome dos outros condena a civilização*
> *dos que não têm fome.*
>
> Dom Hélder Câmara (1909-1999)

O moderado não luta naturalmente contra o *status quo*. Ele quer viver com integridade *apesar* do sistema. Para ele, seu dever não é romper com estruturas que perpetuam injustiças, mas, sim, ser um bom mordomo do que Deus colocou em suas mãos. Porém, com essa postura, o moderado corre o risco de não se posicionar diante de situações de injustiça sistêmica, como aconteceu com a sociedade britânica cristã no século 19, que não era a favor da abolição da escravatura. Para eles, nem a própria Bíblia era contra a escravatura, pois orienta escravos a obedecer em tudo a seus senhores terrenos.[34]

Se não fosse por alguns *transformadores* como William Wilberforce, talvez ainda vivêssemos em uma sociedade escravocrata. Será que se você fosse um senhor de escravos cristão do século 19, que tratava bem a seus escravos e servia a Deus, estaria disposto a libertá-los por amor?[35] Se soubesse dos abusos impensáveis do tráfico negreiro, continuaria aceitando-o ou lutaria contra? O estilo de vida do moderado pode levá-lo a estar tão conformado com o mundo a ponto de não enxergar uma necessidade urgente de mudança.

Existe tamanha necessidade no mundo, que cristãos não podem se dar ao luxo de permanecerem acomodados. Como foi dito há mais de um século por Abraham Kuyper (1837-1920), "Se as coisas continuarem assim, teremos cada vez menos céu e cada vez mais um pouco do inferno neste mundo [...]. Deus proíba que por nossa culpa tal desigualdade continue".[36] Os cristãos não são chamados apenas a uma vida tranquila, mas também a uma vida de profunda misericórdia para com o sofrimento do próximo.

QUE SUA RACIONALIDADE NÃO SEJA MESQUINHA

> *Deus julga o que damos pelo que retemos.*
>
> George Müller (1805-1898)

Ainda que o moderado busque agir com razão e bom senso, não deve colocar sua lógica racional acima de tudo. Deus ama o que dá com alegria. Isso significa que ele valoriza o coração de quem dá. Pode ser que um moderado deixe de ajudar um morador de rua porque "o lugar dele é no abrigo" ou "ele vai usar o dinheiro para comprar drogas". Mas, se o Espírito lhe disser para ajudá-lo, dar muito mais do que pode ou fazer algo aparentemente impensado, o moderado deve fazê-lo, em vez de ouvir a voz da sua prudência racional. A razão nunca pode ser uma desculpa para a mesquinhez, mas sempre deve ser conduzida pelo amor.

Ao moderado é mais custoso dar apaixonadamente, como fazem o doador ou o abnegado. Mas ele deve se lembrar da atitude de Maria de Betânia, que despejou seu perfume e seu coração aos pés de Jesus sem pensar no custo.[37] Ele deve refletir sobre a oferta de Caim, que não foi aceita por Deus.[38] Ele deve se inspirar na postura de Pedro e João, que, em vez de racionalmente ajudarem um pedinte coxo, foram muito além e o curaram, tendo sido guiados pela voz do Espírito Santo.[39] O moderado deve ouvir a mesma voz; senão, poderá destruir a si mesmo, na tentativa de ser demasiadamente sábio.[40]

QUE SEU PRAGMATISMO NÃO SUBSTITUA A COMPAIXÃO

*A ortodoxia bíblica sem compaixão é
certamente a coisa mais feia do mundo.*

Francis Schaeffer (1912-1984)

Jesus movia-se de íntima compaixão com o sofrimento das pessoas. Quando viu uma viúva no funeral de seu único filho, a Bíblia diz que se moveram suas entranhas[41] ao vê-la sofrendo. Ele disse "Não chore" *antes* de ressuscitar o filho, pois lhe doía vê-la chorando.[42] Isso, porém, parece fora de ordem. Não seria mais apropriado ressuscitá-lo antes e depois dizer "Não chore"?

Para o moderado, situações difíceis exigem decisões pragmáticas. Porém, ele não deve agir sempre de modo calculado, pois o amor cristão, muitas vezes, tem a ver com sofrer com os que sofrem.[43] A empatia de olhar nos olhos de alguém e chorar com a pessoa pode, às vezes, ser mais importante do que resolver seus problemas imediatos. Conforme vemos na prática, "Muitas vezes, um aperto de mão vindo de uma pessoa leal é, para o pobre, mais doce do que uma esmola abastada".[44]

O moderado possui uma visão pragmática da realidade, de distribuir recursos conforme as necessidades; no entanto, deve se lembrar de que, ainda que Jesus tenha ressussitado pessoas, ele chorou ao ver o sofrimento dos parentes; ainda que tenha multiplicado pães e peixes por uma questão pragmática — que o povo estava sem comer há três dias — o que o movia não era a lógica, mas, sim, a compaixão.[45]

Notas

1. Gregório de Nissa (335–394): bispo de Nissa, na atual Turquia, conhecido como um dos três pais capadócios (com Basílio, o Grande, e Gregório Nazianzeno). Escritor e teólogo de fundamental importância no início do cristianismo.
2. Provérbios 30:8-9.
3. Mateus 6:11.
4. Mateus 7:11b.
5. Salmos 34:10.
6. Êxodo 16:19-20.

7   BLOMBERG, Craig. *Neither Poverty, Nor Riches*. Downers Grove: IVP, 1999, p. 56.

8   Provérbios 30:14.

9   Provérbios 30:24-25.

10 Lucas 18:24.

11 Provérbios 19:4.

12 Filipenses 2:22.

13 1Coríntios 4:17.

14 1Tessalonicenses 3:5.

15 Atos 19:22.

16 1Timóteo 1:3.

17 1Timóteo 5:3.

18 1Timóteo 5:4.

19 1Timóteo 5:9-10.

20 1Timóteo 5:16.

21 2Timóteo 4:5.

22 Habacuque 1:3-4.

23 Habacuque 2:9-10.

24 Habacuque 2:12.

25 Habacuque 2:8.

26 Habacuque 2:17.

27 Habacuque 2:19.

28 Habacuque 3:17-18.

29 MATTHEW, Henry. *Commentary on the Whole Bible*. "Habakkuk". Disponível em: <www.biblestudytools.com/commentaries/matthew-henry-complete/habakkuk/3.html>. Acesso em: 30 out. 2019.

30 1Pedro 5:7.

31 Escutei a frase "santo inconformismo" pela primeira vez em 2006, em uma pregação de meu tio David Ortega, falecido em 2007.

32 Lucas 21:1-4.

33 Mateus 16:25.

34 Colossenses 3:22.

35 Este é o caso do livro de Filemom, um cristão senhor de escravos, estudado no capítulo 8.

36 KUYPER, 2020, p. 119, 128.

37 João 12:1-5. Ver capítulo 10.

38 Gênesis 4:3-5.

39 Atos 3:1-10.

40 Eclesiastes 7:16.

41 O original no grego é *splagchnizomai*, que significa "mover as entranhas" ou, figurativamente, "sentir empatia, ter misericórdia, compadecer-se".

42 Lucas 7:13.

43 1Coríntios 12:25-26.

44 KUYPER, 2020, p. 145.

45 Mateus 15:32.

A Igreja possui ouro, não para acumular, mas para distribuir e ajudar aqueles em necessidade [...]. Nada é útil a não ser que beneficie a todos.

Ambrósio de Milão (340-397)[1]

Perfil Transformador

CAMINHO	Justiça
DOM	Misericórdia
COMO DAR	Dar para mudar

Lições para vida	1. Prestar assistência 2. Desenvolver inteiramente 3. Reformar a sociedade

Eu estava no deserto mais antigo do mundo. A vegetação era escassa e as árvores, pouco frutíferas. Havia algumas tribos sobrevivendo de caça, outras, de gado, e outras, da produção artesanal. Senti que havia voltado no tempo, milhares de anos atrás na história da humanidade. Estava no grandioso deserto do Kalahari, na Namíbia.

Havia viajado até ali para produzir um documentário a respeito de um missionário. Em 25 anos de ministério, ele e sua esposa haviam batizado mais de mil pessoas e rodado mais de um milhão de quilômetros pelo continente africano. Enquanto trilhava com ele três mil e quinhentos quilômetros, registrando imagens de cada tribo que ele visitava regularmente, vivi experiências incríveis. Uma delas foi perto de Rundu, na fronteira com a Angola.

Chegamos a uma tribo e fomos saudar o chefe, mas ele estava triste e cabisbaixo, e nem saiu de sua tenda para nos receber. O missionário perguntou o que estava acontecendo, e o chefe disse que já tinha perdido a esperança de haver chuva naquela estação. Então o missionário fez uma oração a Deus pela chuva, e disse:

— Vai chover, chefe. Não se preocupe, Deus fará chover.

O chefe da tribo não mudou seu semblante, e continuava repetindo que estava descrente de que viria a chuva.

Fomos caminhar em meio àquela tribo, e vi uma pobreza anormal. Era um dos lugares mais precários que vira em toda minha vida. O deserto era infinito no horizonte; não tenho ideia como sobreviviam naquele lugar. Vi crianças com feridas abertas, idosos cegos e a cena marcante de um menino paraplégico se arrastando no chão. Aquela era a dura realidade daquele povo, que tanto precisava da chuva para sobreviver.

Assim que terminamos nossa volta pela tribo, passados poucos minutos, aconteceu o milagre: começou a cair uma chuva torrencial! Fiquei extasiado, pois Deus havia trazido a chuva depois de um ano inteiro sem cair uma gota, e isso bem quando estávamos lá. Na hora de irmos embora, o chefe da tribo estava com um sorriso enorme e repetia "obrigado" para o missionário, sem parar. Sua resposta foi:

— Não agradeça a mim, agradeça a Deus. Foi ele quem enviou a chuva.

Assim que rodamos alguns quilômetros com o jipe, percebi que estava tudo seco à nossa volta. Fiquei ainda mais maravilhado, pois percebi que a chuva tinha vindo apenas sobre aquela tribo.

Contudo, apesar do milagre da chuva ter sido uma experiência linda, não resolvia o problema no longo prazo. As terras estavam secas e o gado precisava de períodos de chuva durante o ano. Por isso, além de seu trabalho rotineiro de evangelização, pastoreio e oração por milagres, o missionário desenvolveu um projeto de hortas comunitárias, ensinando o povo a plantar em meio ao deserto. Isso, sim, poderia resolver o persistente problema da fome.

Ele ensinava técnicas básicas de jardinagem e irrigação, ajudando comunidades a montarem caixas d'água e administrarem as hortas através de cooperativas e líderes locais confiáveis. Tratava-se de um projeto simples, mas transformador. Em uma terra na qual a estiagem pode durar mais de um ano, o projeto era um raio de esperança para toda a população.

Quando conversei com um dos líderes locais sobre esse projeto, ele confirmou que as hortas exerceram um impacto econômico e social na comunidade. E disse ainda o quanto isso havia mudado a realidade de sua própria família:

— Uma de minhas irmãs não tinha absolutamente nada. Agora, com o dinheiro da venda de repolhos e tomates, um de seus filhos pôde completar o ensino médio.

Quem é o transformador?

Assim é o transformador: ele busca trazer os valores do Reino de Deus à terra. Para ele, a desigualdade evidencia o pecado humano, pois a riqueza pertence a poucos, e a pobreza atinge muitos. Deus nos criou para sermos irmãos; no entanto, a maldade do homem faz com que uns acumulem bens enquanto outros morrem de fome.

Em 2016, a riqueza do 1% mais rico da população mundial ultrapassava o que possuíam, juntos, os outros 99%.[2] A resposta apropriada diante de absurda desigualdade é ter *fome e sede de justiça*.[3] Para o transformador, o mais importante não é ser generoso com os que necessitam ou gerir recursos com mordomia, mas imperiosamente lutar contra a injustiça sistêmica que desfavorece os vulneráveis. Se não houver transformação na sociedade, a doação e a gestão de recursos serão realizadas em um contexto que apenas perpetua a desigualdade.

Jesus disse para buscarmos, antes de tudo, o Reino de Deus e a sua justiça.[4] Ser generoso nem sempre traz justiça em um sistema iníquo. "Ficaria o Senhor satisfeito com milhares de carneiros, com dez mil ribeiros de azeite?", escreveu o profeta Miqueias. "Ele mostrou a você, ó homem, o que é bom e o que o Senhor exige: pratique a justiça, ame a fidelidade e ande humildemente com o seu Deus."[5] Como alguém pode querer que Deus aceite sua generosidade se suas ações perpetuam a injustiça?

Não basta dar. Em um mundo tão desigual, é necessário dar para mudar. O juízo de Deus será severo contra os que "exploram os trabalhadores em seus salários, que oprimem os órfãos e as viúvas e privam os estrangeiros de seus direitos".[6] Deus convoca seus filhos e filhas para buscar o que é certo, ser íntegro em sua conduta, acabar com a opressão, lutar pelos direitos do órfão e defender a causa da viúva.[7] O transformador ouve esse chamado e se dedica à causa do necessitado. Ele se torna um aliado de Deus ao buscar o Reino dos céus e a sua justiça para transformar o mundo.

Quanto ao seu estilo de vida, o transformador tenta responder às necessidades "do homem todo e para todos os homens".[8] Sua consciência não é individual, mas comunitária. Ele luta para transformar a situação na qual o necessitado se encontra. Tem fome e sede de justiça social, pois crê que o sofrimento do carente é uma condição contrária aos valores do Reino de Deus. Ele crê em uma Igreja *"para* a cidade, e não somente *na* cidade",[9] cujo propósito é ser pés, braços e mãos de Jesus.

John Stott afirma que a visão bíblica não é defender a sobrevivência do mais forte, mas proteger a do mais fraco.[10] Nas palavras do arcebispo

Desmond Tutu, uma das figuras principais na luta contra o *apartheid* na África do Sul:

> Deus é um Deus que escolhe lados. Ele não é neutro. Deus é um Deus que está sempre ao lado do pobre, do oprimido, dos pequeninos que são desprezados. É por essa razão que nós, a Igreja, temos de ser solidários com o pobre, com o desabrigado, com o faminto, com o oprimido.[11]

Deus é quem mais está preocupado com as pessoas vulneráveis. Ele simpatiza com os fracos e defende a causa deles. Segundo Timothy Keller, ajudar o pobre não é um jeito de se obter a salvação, mas uma prova de que somos salvos: "Nenhum coração que ama a Cristo pode ser frio para com os vulneráveis e necessitados".[12] Assim, o transformador crê que o resultado de entender o que Cristo fez por nós é uma vida dedicada a obras de justiça e compaixão pelos pobres.[13]

Portanto, de que forma prática o transformador pode trazer justiça e igualdade ao mundo de hoje? Ele considera três formas de atuação diante da necessidade:[14]

- Prestar assistência;
- Desenvolver inteiramente;
- Reformar a sociedade.

Lições do transformador

PRESTAR ASSISTÊNCIA

> *Se não tivesse ninguém descontente com o que vê, o*
> *mundo nunca chegaria a nada melhor.*
> Florence Nightingale (1820-1910)

Assistencialismo é o auxílio direto e pontual que visa atender necessidades materiais, sociais ou físicas de pessoas. É uma forma crucial de ajuda em situações de crise humanitária, desastres naturais ou conflitos, especialmente para populações que sofrem com a falta de suprimentos básicos. Essa é a forma de auxílio mais direta, pois tem em vista uma necessidade imediata.

O assistencialismo atende ao pedido de Jesus: "Tive fome, e vocês me deram de comer; tive sede, e vocês me deram de beber; fui estrangeiro, e vocês me acolheram".[15] Quando se faz um sopão para mendigos, quando se levam roupas a comunidades atingidas por desastres naturais, quando se recebe um refugiado para almoçar em casa, presta-se assistência. Ela tem o valor de suprir a carência imediata; pois, de que adianta falar "Vá em paz" a alguém que necessita do alimento de cada dia?[16]

Ainda que todos os perfis tenham a noção de que prestar assistência é um modo de cumprir o mandamento do amor ao próximo, o transformador busca ir além. Por exemplo, em 1522, sob influência de Lutero, o Estatuto de Wittenberg estabeleceu um fundo assistencial comunitário com empréstimos a juros baixos a trabalhadores e artesãos, além de subsídios para a educação de crianças carentes. Caso faltassem recursos ao fundo, "o artigo 11 do estatuto estipulava um tipo de imposto gradativo ao clero e aos cidadãos para a subsistência de inúmeras pessoas carentes".[17] Em outras palavras, nesse sistema, os mais ricos pagariam a conta da desigualdade social mediante o assistencialismo.

O assistencialismo pode atender a necessidades imediatas e ter o propósito de alcançar a igualdade social, porém, para alcançar mudanças estruturais duradouras, o transformador também se dedica a formas mais amplas de atuação, como o desenvolvimento e a reforma.

DESENVOLVER INTEIRAMENTE

Um indivíduo não começou a viver até que ele se eleve
acima dos limites restritos de suas preocupações
individualistas para as preocupações mais
amplas de toda a humanidade.

Martin Luther King Jr. (1929-1968)

Desenvolver é levar os necessitados à autossuficiência. É possibilitar que os pobres tenham oportunidade e capacidades para superar a pobreza. Por meio dessa forma de auxílio, a sustentabilidade é mais importante do que a solução imediata. Buscar o desenvolvimento é uma visão de longo prazo para a humanidade; é "ensinar a pescar".

Deus é quem está mais interessado no desenvolvimento dos necessitados. Segundo o salmista, é ele quem tira os pobres da miséria.[18] Ele é o regente maior do desenvolvimento social no mundo. Como escreve N. T. Wright: "Quanto mais tenho aprendido sobre Jesus, mais tenho descoberto a paixão de Deus em consertar o mundo".[19] O transformador colabora com o plano de Deus de mudar o mundo atuando como agente de transformação social. Por isso, dedica-se a trabalhar para capacitar pobres e vulneráveis, recuperando a dignidade deles e concedendo-lhes oportunidades na vida.

O conceito de desenvolvimento do transformador está ancorado na Palavra de Deus, como veremos, e não em visões políticas ou ideológicas. Assim, de forma bem resumida, pode-se dizer que há três pontos principais quanto a este conceito de desenvolvimento: ele deve ser *humano*, *sustentável* e *espiritual*.

1. *O desenvolvimento deve ser humano*

Na Conferência da ONU-Habitat em Quito, 2016, ouvi que cidades deveriam ser feitas para pessoas, não para carros. É uma frase poderosa. Hoje em dia, vivemos em cidades superlotadas e desenvolvidas, mas não para o homem. Da mesma forma, o desenvolvimento deve ser para o ser humano, e não o contrário. Segundo o professor Amartya Sen, desenvolvimento é liberdade. É dar capacidade de escolha, acesso à oportunidade, possibilidade de superar a pobreza. Para ele, a pobreza não é apenas falta de recursos; é a impossibilidade de os seres humanos alcançarem seu máximo potencial.[20] Segundo essa ótica, desenvolver é capacitar pessoas a fim de lhes dar liberdade e oportunidade.

O transformador é chamado a não deixar ninguém para trás,[21] reconhecendo a dignidade de todos os seres humanos, principalmente dos mais vulneráveis. Tal consciência implica se importar com questões globais, ainda que distantes de sua realidade local: guerras civis, governos abusivos, crianças em conflitos armados, tráfico de pessoas, terrorismo, genocídios, causas indígenas, direitos humanos, entre outros temas. O transformador tem consciência de que o mundo precisa de mudança, a qual tem início ao se buscar o desenvolvimento da condição humana.

2. O desenvolvimento deve ser sustentável

Sustentabilidade significa tanto a possibilidade de algo se manter no longo prazo como o cuidado da criação. Jesus ensinou que para construir uma torre é preciso calcular os gastos, a fim de que não faltem recursos para completá-la.[22] Assim, para o desenvolvimento ser sustentável em termos de continuidade, ele precisa ser propriamente estruturado. Ademais, Deus "colocou o homem no Jardim do Éden para cuidar dele".[23] A consciência cristã quanto ao papel do homem exige uma profunda reflexão a respeito de questões como efeito estufa, poluição, desmatamento, extinção de animais, entre outras.

A Bíblia afirma que o justo cuida bem de seus animais e dá muita atenção aos seus rebanhos,[24] pois são criação de Deus. De que forma esses versículos podem ser aplicados ao contexto urbano de hoje? O justo suja as ruas com seu lixo, imprime papel sem consciência, gasta água em excesso, polui a terra com seu carro, e então, "vai à igreja" adorar a Deus?

O Senhor deu ao ser humano a responsabilidade de cuidar da natureza e cultivá-la. A habilidade de desenvolver e desfrutar dos recursos da terra é um privilégio único da humanidade.[25] Por isso, produzimos bens a partir de matérias-primas, e extraímos da natureza o que necessitamos para viver, com a responsabilidade de cuidar dela. O propósito de Deus é restaurar não apenas indivíduos, mas também a criação. Como Paulo diz: "A própria natureza criada será libertada da escravidão da decadência em que se encontra, recebendo a gloriosa liberdade dos filhos de Deus".[26]

A glória em nós revelada também será para a restauração total da natureza — animais, plantas, ecossistema — que Deus criou. Assim, o transformador se preocupa com temas como aquecimento global, crise hídrica, secas, desastres naturais e maltrato de animais, pois reconhece que tem um papel fundamental outorgado por Deus: cuidar do jardim.

3. O desenvolvimento deve ser espiritual

O transformador crê que o ser humano deve ser contemplado em sua totalidade: corpo, alma e espírito. O corpo deve ser bem cuidado, a alma encontrar dignidade, e o espírito se reencontrar com seu Criador, a fim de que o ser humano seja completo. Para o transformador, o trabalho de luta contra a pobreza também considera a espiritualidade. Isso não significa necessariamente fazer evangelismo com o trabalho social, mas, sim, atrair espíritos cansados e sobrecarregados para Cristo.

Esse é o principal elemento que diferencia o cristianismo transformador da filantropia humana. Bill Gates já doou mais de US$ 500 milhões para erradicar epidemias como malária e ebola.[27] Ainda que este recurso possa superar, em muito, o trabalho de comunidades cristãs pelo mundo, ele não tem o poder de alcançar o *espírito* dos doentes. Assim, além da harmonia do corpo e da alma (desenvolvimento humano), e entre homem e natureza (desenvolvimento sustentável), é preciso buscar a harmonia entre seres humanos e Deus (desenvolvimento espiritual).

Existem diversas teorias de desenvolvimento que podem ser usadas sob a cosmovisão cristã, porém, ainda assim, há limites para o que o desenvolvimento pode fazer. Por isso, o transformador busca agir ainda além do assistencialismo e do desenvolvimento, almejando reformar o sistema, ou seja, mudar as regras do jogo.

REFORMAR A SOCIEDADE

> *Você pode escolher olhar para o outro lado, mas nunca poderá dizer de novo que não sabia.*
>
> William Wilberforce (1759-1833)

Reformar é alterar estruturas sociais que causam ou pioram a dependência e a falta de oportunidades dos necessitados. É lutar contra sistemas legais que favorecem o rico, contra políticas xenofóbicas que rejeitam o estrangeiro,[28] contra práticas ilegais e corruptas que prejudicam a sociedade. Esse modo de transformação vai além de suprir necessidades imediatas ou cuidar da autossuficiência do necessitado. Reformar é romper com o jugo da desigualdade; é transformar políticas públicas em favor do vulnerável. É mais que "ensinar a pescar"; é limpar o rio para que haja mais peixes.

A reforma, muitas vezes, parte de cidadãos comuns, que se levantam contra a maldade. Como o profeta Miqueias, o transformador delata os governantes corruptos e os poderosos opressores. Ele se opõe a líderes que "arrancam a pele do povo",[29] abusando de seu poder para se beneficiarem; delata líderes religiosos que ensinam visando ao lucro,[30] e não se conforma com o fato de que "os poderosos impõem o que querem",[31] pois eles não têm direito algum de abusar dos necessitados.

A reforma também se inicia com pessoas tementes a Deus em posições de relevância. A rainha Ester teve um papel fundamental em influenciar um decreto do rei Xerxes e pôde salvar o povo judeu de um genocídio. Ela era rainha do maior império de sua época, que se estendia desde a Índia até a Etiópia.[32] Com coragem e *lobby* diante do rei, lutou para revogar o decreto de Hamã, que exterminaria os judeus nas 127 províncias do império.[33] Apesar de não conseguir invalidar a lei, Ester influenciou a promulgação de uma emenda em favor dos judeus, dando-lhes o direito de se defenderem. Ela marcou a história de um povo ao lutar politicamente pelo seu direito de existência.

Imagine se algum transformador pudesse ter evitado, do mesmo modo, o catastrófico genocídio de Ruanda em 1994, no qual um milhão de tutsis foram massacrados em apenas cem dias?

Na história do cristianismo, alguns transformadores mudaram a vida de milhões de pessoas. William Wilberforce (1759-1833) foi um parlamentar britânico cristão que lutou ao longo da vida para acabar com o tráfico negreiro. Ele morreu três dias depois de o Ato de Abolição da Escravidão ter sido aprovado no parlamento britânico, encabeçando o fim do tráfico em todo o mundo. Florence Nightingale (1820-1910) foi uma enfermeira de fé que salvou muitos soldados na guerra da Crimeia no século 19. É considerada uma das fundadoras do conceito moderno de ajuda humanitária, pois recebia em seu hospital tanto soldados aliados como inimigos.

Um transformador amplamente conhecido foi Martin Luther King Jr. (1929-1968), pastor e ativista negro que lutou pelos direitos civis dos negros nos Estados Unidos mediante a resistência não violenta e princípios cristãos. Ainda outro transformador muito importante foi Abraham Kuyper (1837-1920), primeiro-ministro cristão holandês que batalhou por leis que protegessem o trabalhador e as classes menos favorecidas.[34] Em todos esses casos, a reforma aconteceu quando leis e direitos foram mudados em prol de grupos vulneráveis.

A reforma sempre visa a uma transformação duradoura do sistema. Seu objetivo é promover a justiça na terra. Ao compreender que Deus ama a justiça,[35] odeia toda a maldade[36] e ama quem pratica a justiça,[37] o transformador busca viver na prática a oração do Pai Nosso: "Venha o teu Reino; seja feita a tua vontade, assim na terra como no céu".[38]

Notas

1. Aurélio Ambrósio (340-397): nascido na Gália Bélgica, arcebispo de Milão, governador da província de Ligúria e Emília, é considerado um dos quatro doutores latinos da igreja, junto a Gregório, Agostinho e Jerônimo.

2. "An Economy for the 1%". Disponível em: <www.oxfam.org/en/research/economy-1>. Acesso em: 31 out. 2019.

3. Mateus 5:6.

4. Mateus 6:33.

5. Miqueias 6:8.

6. Malaquias 3:5.

7. Isaías 1:17.

8. PADILLA, René e COUTO, Péricles. *Igreja: agente de transformação*. Curitiba: Missão Aliança, 2011, p. 31.

9. MACHADO, Ziel. *Pequenas iniciativas podem gerar transformação*. Em: Padilla, Couto, 2011, p. 236.

10. STOTT, 2014, p. 323.

11. TUTU, 2012, p. 82.

12. KELLER, Timothy. *Justiça generosa*. São Paulo: Vida Nova, 2010, p. 69.

13. DWIGHT, Sereno. *The Works of Jonathan Edwards. Christian Charity:* The Duty of Charity to the Poor, Explained and Enforced. Carlisle: Banner of Truth Trust, 1998, p. 264.

14. Um estudo mais aprofundado deste tema pode ser encontrado em Timothy Keller. "The Gospel and the Poor". Disponível em: <www.togetherforadoption.org/wp-content/media/thegospelandthepooroutline.pdf>. Acesso em: 31 out. 2019.

15. Mateus 25:35.

16. Tiago 2:15-16.

17. LINDBERG, Carter. *História da Reforma*. Rio de Janeiro: Thomas Nelson Brasil, 2017, p. 151.

18. Salmos 107:40-41.

19. WRIGHT, N. T. *Simply Christian:* Why Christianity Makes Sense. San Francisco: Harper One, 2006, p. *xi*.

20. SEN, Amartya. *Desenvolvimento como liberdade*. São Paulo: Companhia de Bolso, 2010.

21. "Leave no one behind" é um dos temas das Nações Unidas para os Objetivos do Desenvolvimento Sustentável (ODS) até 2030. Veja mais em <sustainabledevelopment.un.org>.

22. Lucas 14:28-30.

23. Gênesis 2:15.

24. Provérbios 27:23-24.

25. GRUDEM, Wayne; Heimbach, Daniel; Mitchell, Ben e Mitchell, Craig. "Biblical Ethics: An Overview. Stewardship". *ESV Study Bible*, p. 2559.

26. Romanos 8:21.

27 "Bill Gates Gives $500 Million To Fight Malaria, Other Diseases". Disponível em: <www.
    forbes.com/sites/danalexander/2014/11/03/bill-gates-gives-500-million-to-fight-malaria-
    -other-diseases/#4c7e39061cb8>. Acesso em: 31 out. 2019.

28 A lei mosaica estabelecia que a sociedade Judaica não deveria discriminar estrangeiros.
    Em Números 15:15-16.

29 Miqueias 3:2.

30 Miqueias 3:11.

31 Miqueias 7:3.

32 Ester 1:1.

33 Ester 8:3-27.

34 FRESTON, Paul. *Religião e política, sim. Igreja e estado, não.* Viçosa: Ultimato, 2006, p. 73.

35 Salmos 11:7.

36 Isaías 61:8.

37 Salmos 37:28.

38 Mateus 6:10.

Exemplos bíblicos: Paulo, Davi e Filemom

Deus me livre de ser eu rico enquanto eles estão na indigência; de gozar de saúde robusta se não trato de cuidar das chagas deles; de possuir comida de sobra e vestir-me bem, de ter, enfim, um teto se não lhes proporciono um pedaço de pão e não lhes dou, segundo minhas capacidades, uma parte das vestimentas, se não os acolho sob meu teto!

Gregório Nazianzeno (329-390)[1]

As lições de vida do transformador são sobre lutar por mudança na sociedade por meio do assistencialismo, desenvolvimento (humano, sustentável e espiritual) ou reforma. Os exemplos bíblicos são diversos, mas optei em não tratar dos casos mais conhecidos, como José, Daniel ou Ester. Iremos nos aprofundar em três histórias menos conhecidas: a missão humanitária do apóstolo Paulo aos pobres da Judeia, o cuidado de Davi com o aleijado Mefibosete, e a história do escravo Onésimo na carta de Filemom. Depois, como foi feito com perfis anteriores, veremos conselhos de vida que este perfil deve aprender para evitar desvios de rota em sua caminhada.

Exemplos bíblicos de transformadores

PAULO: SOCORRENDO PELO ASSISTENCIALISMO

A primeira missão do apóstolo Paulo foi assistencialista. Em 44, o profeta Ágabo predisse que haveria grande fome por todo o Império Romano,[2] por isso, os discípulos decidiram providenciar ajuda para os irmãos pobres que viviam na Judeia. Cada um deu conforme suas possibilidades, e ofertas foram enviadas pelas mãos de Paulo e Barnabé. Um ano depois, em 45, o historiador Flávio Josefo registra que muitas pessoas morreram de fome na Judeia.[3] Os tempos eram difíceis; era preciso uma resposta cristã adequada à tamanha crise. O que os discípulos fizeram foi tomar a decisão de se lembrar dos pobres.[4] Eles não apenas pregaram o evangelho pensando na salvação espiritual, mas se esforçaram para suprir as necessidades materiais de pessoas mais carentes.

Nas décadas seguintes, Paulo continuou com a missão de arrecadar recursos para os pobres da Judeia. De fato, Paulo atrasou sua ida à Espanha para se dedicar à coleta de recursos aos pobres de Jerusalém.[5] Conforme afirma o teólogo Jason Hood, "não sabemos se Paulo completou essa missão [à Espanha], mas sabemos que ele entregou a oferta. Essa oferta era tão vital, que sua entrega naquele momento era mais urgente do que seu desejo de evangelizar e plantar igrejas na fronteira missionária".[6]

Por que Paulo fazia isso? Por que não apenas pregava e deixava de lado questões materiais? A única resposta plausível é que ele tinha a convicção de que é impossível ter o amor de Deus sem se compadecer dos necessitados.[7] O amor sem ação é vazio; o cristianismo sem assistência é vão. Ainda que as doações sejam momentâneas, pontuais e não resolvam o problema em longo prazo, elas refletem o amor do Pai.

Muitos pobres da Judeia morreram de fome naqueles anos, mas quantos puderam viver por causa do assistencialismo dos discípulos de Cristo? A generosidade dos cristãos nos primeiros séculos foi tão marcante, que o próprio imperador romano Juliano, o Apóstata (332-363), radicalmente contra o cristianismo, constatou:

> Nada tem contribuído mais para o progresso da superstição dos cristãos do que sua caridade aos estrangeiros [...] os ímpios galileus providenciam não apenas para seus próprios pobres, mas para os nossos também.[8]

Enquanto os cristãos acolhiam os pobres e enfermos em suas próprias casas, o cristianismo se propagou por todo o mundo. O assistencialismo aos pobres não era algo descolado da propagação das boas-novas, mas estava implícito na própria essência do cristianismo. Dessa forma, da mesma maneira que Paulo e os discípulos se lembraram dos pobres da Judeia, o transformador ressalta a importância de prestar assistência àqueles em sofrimento. E assim fazendo, presta assistência ao próprio Cristo.

DAVI: RESGATANDO PELO DESENVOLVIMENTO

Um exemplo bíblico de desenvolvimento é a história do rei Davi e Mefibosete. Este era neto do rei Saul, que, por muitos anos, havia perseguido Davi. Saul possuía muitas terras, mas foram confiscadas quando perdeu seu reinado. Davi, porém, foi bondoso com o neto de Saul. Não apenas lhe poupou a vida, como também lhe devolveu as terras que haviam pertencido ao avô, e ainda o convidou a se sentar à mesa real.[9]

Mefibosete era aleijado. Ele mesmo se chamou de "cão morto",[10] pois não tinha capacidade de produzir, sendo deficiente físico em uma sociedade militar e agrária. Sua história é um exemplo claro de desenvolvimento: o rei cuidou de um homem deficiente e órfão,[11] de modo que ele pudesse ter condições de sustentar a si mesmo e a seus filhos em longo prazo.

Essa história vai além do assistencialismo, pois há um claro elemento de sustentabilidade. O rei Davi contratou pessoas para trabalharem nas terras de Mefibosete. Ele disse a Ziba: "Você, seus filhos e seus servos cultivarão a terra para ele. Você trará a colheita para que haja provisões na casa do neto de seu senhor".[12] Assim, o rei Davi evitou que Mefibosete tivesse de vender as terras e apenas sobreviver com o dinheiro. Ele ordenou que servos de Saul cultivassem as propriedades. Não sabemos se estavam abandonadas, depredadas ou ocupadas por terem pertencido ao antigo rei. O fato é que seriam cultivadas para sustentar a família de Mefibosete.

Além de resgatar os direitos de um deficiente (desenvolvimento humano) e providenciar o cultivo de suas terras (desenvolvimento sustentável), Davi chamou Mefibosete para sua mesa. Isso alude ao desenvolvimento espiritual, pelo qual o cristão deve sempre prezar. Para Davi, pareceu-lhe correto tratar a Mefibosete com bondade. Este era seu intuito principal: não apenas cuidar de um homem deficiente, mas também mostrar a lealdade de Deus, partilhando a mesa com ele todos os dias.

Davi escreveu muitos salmos em que revela a preocupação de Deus com os carentes: "Tu, Senhor, ouves a súplica dos necessitados; tu os reanimas e atendes ao seu clamor. Defendes o órfão e o oprimido".[13] Além de compor essas belas palavras, Davi foi um instrumento nas mãos de Deus para cuidar de órfãos necessitados e oprimidos, como no caso do desenvolvimento humano, sustentável e espiritual de Mefibosete e sua família.

FILEMOM: INSPIRANDO A REFORMA

A escravidão era comum no século 1. Ainda que os escravos cristãos soubessem que todos eram iguais aos olhos de Deus, pois faziam parte do mesmo Corpo de Cristo,[14] eles não eram encorajados a deixar seus senhores, pois sua condição lhes dava estabilidade e emprego. Além disso, algumas passagens bíblicas incentivam os escravos a obedecer a seus senhores por temor ao Senhor, para que sua conduta tornasse o cristianismo atrativo.[15]

> Escravos, sujeitem-se a seus senhores com todo o respeito, não apenas aos bons e amáveis, mas também aos maus. Porque é louvável que, por motivo de sua consciência para com Deus, alguém suporte aflições sofrendo injustamente.[16]

Contudo, ainda que os escravos cristãos fossem encorajados a honrar Cristo com sua boa conduta, a história de Filemom representa um choque a esse sistema. Filemom havia se convertido graças ao ministério de Paulo e frequentemente abria a casa para a comunidade cristã de Colossos. Era um cristão rico que possuía escravos. Um deles, chamado Onésimo, havia fugido e provavelmente roubado pertences de seu senhor. Onésimo, porém, conheceu a Cristo e se tornou alguém muito amado por Paulo.[17] Ele se arrependeu do que fez, e Paulo o enviou de volta ao seu senhor.

A sociedade romana previa uma punição brutal a escravos fugitivos, a qual às vezes resultava até em morte.[18] Contudo, Paulo suplicou a Filemom para receber Onésimo não mais como escravo, mas na condição de irmão.[19] E disse mais: se ele tivesse roubado qualquer coisa de Filemom, que colocasse na conta de Paulo. De forma surpreendente, Filemom é encorajado não apenas a perdoar seu escravo Onésimo, mas também a recebê-lo como um amado irmão.

A história desse senhor de escravos tem um impacto social tão grande, que teólogos afirmam que a carta ajudou a fundamentar a abolição da escravatura.[20] Enquanto alguns se contentam em viver conforme as regras, o transformador busca uma justiça que *exceda* as regras.[21] Ele sonha com a mudança social que promova no mundo os valores divinos. Para ele, todos são iguais perante Deus, por isso, "toda injustiça é pecado".[22] Logo, onde o mundo não é igual ou correto, o transformador se levanta para lutar pela justiça do Reino.

Conselhos ao transformador

Assim como já vimos imperfeições de outros perfis, o transformador também precisa reconhecer que é imperfeito, e tampouco que pode se engrandecer diante de suas boas obras. Ainda que a sociedade atual valorize o transformador por suas ações, ele não é superior a ninguém no Reino de Deus. Mesmo que busque fazer o bem, o transformador pode estar lutando por seus próprios interesses. Lutar pela justiça em esferas sociais e políticas envolve um complexo jogo de trocas e benefícios. Assim, é possível ser um transformador e não carregar a bandeira da justiça do Reino.

A principal pergunta sobre a qual o transformador deve refletir em oração é: *Como defender a justiça em um mundo politizado e corrompido?* Se o mundo todo está sob o poder do maligno,[23] de que forma é possível melhorá-lo com estratégias humanas? Qual é o limite entre apregoar os valores do Reino de Deus neste mundo e não se amoldar a ele?

O transformador crê que "a natureza criada aguarda, com grande expectativa, que os filhos de Deus sejam revelados".[24] Ele espera ser parte da revelação da justiça e do amor de Deus ao mundo; porém, deve depender do Espírito Santo. É preciso se espelhar na humildade e mansidão de Cristo, com a consciência de que não há nenhum justo sequer, ninguém que faça o bem.[25]

QUE SUA LUTA POR JUSTIÇA NÃO SEJA APENAS POR MEIO DE SISTEMAS HUMANOS

> *Libertação não é sinônimo de liberdade.*
>
> Victor Hugo (1802-1885)

O cristão não luta contra um sistema humano com outro sistema humano. Ele deve apregoar o Reino de Deus, que vai além de sistemas temporais ou terrenos. Assim, o transformador deve ser capaz de criticar a injustiça usando as palavras do profeta Miqueias: "Quanto a mim, graças ao poder do Espírito do Senhor, estou cheio de força e de justiça, para declarar a Jacó a sua transgressão".[26] A transformação social deve ser guiada pelo Espírito de Deus, que age por meio de seu povo. É importante haver cristãos na política e em posições de poder, mas estes devem se lembrar de que não receberam o espírito deste mundo,[27] mas, sim, o Espírito de Deus.

Muitos cristãos que buscam a justiça e a transformação social têm caído em três erros: 1) o *erro de Constantino*, de querer reformar a sociedade segundo um conceito sistêmico do cristianismo, *impondo* sua vontade sobre os demais; 2) o *erro da igreja de Pérgamo*, de se misturar de tal forma a não ter mais nada a oferecer ao mundo,[28] tornando-se, por exemplo, um grupo de *lobbying* ou de ativismo social e perdendo o foco de sua principal missão,[29] que é apregoar o Cristo crucificado, nossa única esperança de justiça plena para a humanidade;[30] e 3) o *erro dos zelotes*, de irar-se contra o sistema praticando uma militância com fim em si mesma, uma mera crítica humana que não produz a justiça de Deus.[31] Os zelotes queriam que Jesus fosse rei pela força e expulsasse os romanos de sua terra. No entanto, Jesus se absteve de liderar uma revolta política e afirmou que seu Reino não é deste mundo.[32] Da mesma forma, o transformador não deve ser apenas um revoltado contra um sistema injusto; ele deve ser cheio do Espírito para trazer à terra a justiça do Reino de Deus.[33]

QUE SUA BUSCA POR RELEVÂNCIA NÃO SEJA CORROMPIDA PELO DESEJO DE PODER

> *Somos tão presunçosos que gostaríamos de ser conhecidos por toda a terra e até por pessoas que virão quando não existirmos mais. E somos tão vãos que a estima de 5 ou 6 pessoas que nos cercam nos distrai e nos contenta.*
>
> Blaise Pascal (1623-1662)

Ziel Machado, professor, teólogo e pastor a quem muito admiro, em uma aula sobre história da Igreja, disse: "Toda vez que a Igreja tenta converter o poder, ela é convertida por ele".[34] Por tantas vezes na história, cristãos bem-intencionados desejaram usar o poder para fazer o bem, mas acabaram usando o bem para manter o poder. Portanto, mais importante do que buscar o poder para ser relevante é a disposição em obedecer a Deus. Como também disse Ziel: "Somos chamados a um lugar de obediência, não de influência".

No século 19, o Destino Manifesto dos Estados Unidos afirmava que o povo norte-americano era "separado, superior e destinado a trazer boa governança, prosperidade comercial e o cristianismo para o continente americano e todo o mundo."[35] Por meio desta lógica de superioridade moral cristã, norte-americanos justificaram atrocidades como a escravidão de negros, o genocídio dos indígenas e a colonização de países como as

Filipinas. Da mesma forma, na África do Sul, durante a época do *apartheid*, os afrikaners cristãos brancos justificaram a continuidade da segregação com o propósito de manter a cultura cristã.

Diferentemente do moderado, cujo risco é o comodismo e o conformismo, para o transformador, o risco é o triunfalismo e o abuso de poder. Ele precisa ter humildade para admitir que "todas as mudanças que cristãos podem produzir são meramente incrementais"[36] e que uma compreensão adequada do evangelho, da cruz e da ética cristã deve impossibilitar que os cristãos usem o poder para oprimir.[37]

QUE SEU INCONFORMISMO NÃO SEJA IRRACIONAL E DEMASIADAMENTE CRÍTICO

> *A tarefa não é virar o mundo de cabeça para baixo, mas fazer o que é necessário em seu lugar e com a devida consideração da realidade.*
>
> Dietrich Bonhoeffer (1906-1945)

Nem toda desigualdade é injusta, nem toda diferença é condenável. O inconformado corre o risco de cair em uma crítica generalizada do sistema, sem perceber que o Reino de Deus está *entre nós*,[38] a despeito do sistema em que vivemos. Esta é a lição da parábola dos talentos.[39] Se fosse adaptada aos dias de hoje, ela contaria a história de três funcionários que administravam recursos de seu empregador. O primeiro tinha sob sua responsabilidade R$ 1,5 milhão.[40] O segundo geria R$ 600 mil, e o terceiro, R$ 300 mil. O primeiro era um profissional dedicado que diversificou os investimentos para dar rendimentos ao empregador. O segundo fez o mesmo. O terceiro, porém, decidiu guardar os R$ 300 mil em um cofre dentro de casa, para que não perdesse o dinheiro nem fosse roubado.

Depois de um tempo, o primeiro e o segundo funcionários tiveram 100% de retorno e devolveram, juntos, mais de R$ 4 milhões. O chefe ficou muito contente e lhes deu um bônus do que trouxeram com seu trabalho. No entanto, o terceiro não teve rendimento algum. Pior: perdeu dinheiro com a inflação. Por isso, o chefe o despediu por sua negligência. Com esta parábola, Jesus ensinou a importância de sermos responsáveis com as coisas terrenas, ainda que seja para fazer render os recursos de um chefe milionário.

O transformador deve cuidar para não condenar qualquer desigualdade, pois nem sempre ela é resultado de injustiça. Os funcionários que acumularam mais o fizeram por sua diligência. Assim, ainda que o mundo em que vivamos seja sistemicamente desigual, nem toda diferença de renda é injusta. Por isso, o transformador deve cuidar para não ser irracional em sua crítica, condenando categoricamente todo acúmulo de riqueza.

QUE SUA TRANSFORMAÇÃO NÃO SEJA SEM AMOR AO PRÓXIMO

> *Nem todos podem fazer grandes coisas. Mas podemos fazer pequenas coisas com grande amor.*
>
> Madre Teresa de Calcutá (1910-1997)

Fazer justiça é uma expressão do Reino de Deus, mas não é a mesma coisa que amar o próximo. A sociedade brasileira está cada vez mais politizada, envolvida em debates sobre políticas públicas de distribuição de renda e desenvolvimento econômico. Porém, a bandeira do cristão é, e sempre deve ser, o amor. Se um jovem argumenta pelos direitos humanos de minorias, mas despreza seus pais, ele não segue o amor. Se uma mulher defende salários justos, mas rouba cobrando horas extras de seu empregador, ela não segue o amor. Se um marido é a favor de pena de morte para estupradores, mas maltrata sua própria esposa, ele não segue o amor.

O amor e a justiça são faces da mesma moeda. Um não subsiste sem o outro. Embora alguns indivíduos não tenham tanto poder ou capacidade para exercer justiça na terra, *todos* possuem poder e capacidade de exercer o amor. Assim, antes e acima de qualquer sistema político, econômico ou filosófico, o cristão deve sempre seguir o caminho do amor.[41]

Notas

[1] Gregório Nazianzeno (329-390): patriarca (arcebispo) de Constantinopla, atual Turquia. Influenciou na formulação da doutrina da Trindade. É considerado um dos três Pais capadócios (com Basílio, o Grande, e Gregório de Nissa).

[2] Atos 11:27-30.

[3] Josefo. *Antiquities of the Jews – Book XX,* Chapter 2.5.

[4] Gálatas 2:10.

[5] Romanos 15:22-29.

6   HOOD, Jason. *Theology in Action:* Paul and Christian Social Care. Transforming the World: The Gospel and Social Responsibility. Nottingham: Apollos, 2009, p. 134.

7   1João 3:17-18

8   GRUDEM, Wayne; Heimbach, Daniel; MITCHELL, Ben e MITCHELL, Craig. "Biblical Ethics: An Overview. Stewardship". *ESV Study Bible*, p. 2559.

9   2Samuel 9:7.

10   2Samuel 9:8.

11   Mefibosete era órfão de seu pai, Jônatas, que havia sido amigo de Davi. Não se sabe o que passou com sua mãe, mas, provavelmente, ele foi criado por sua ama, conforme descrito em 2Samuel 4:4.

12   2Samuel 9:10.

13   Salmos 10:17-18.

14   1Coríntios 12:13.

15   Tito 2:9-10.

16   1Pedro 2:18-19.

17   Filemom 1:10-16.

18   ARNOLD, Clinton E. Comentários no livro de Filemom. *ESV Study Bible*, p. 2356.

19   Filemom 1:16.

20   ARNOLD, Clinton E. Comentários no livro de Filemom. *ESV Study Bible*, p. 2353.

21   Mateus 5:20.

22   1João 5:17.

23   1João 5:19.

24   Romanos 8:19.

25   Romanos 3:12.

26   Miqueias 3:8.

27   1Coríntios 2:12.

28   Apocalipse 2:14-16.

29   Frase inspirada por Abraham Kuyper (1837–1920), primeiro-ministro da Holanda de 1901-1905: "A igreja deve educar e disciplinar pessoas a fazerem justiça na esfera pública com sensibilidade a temas sociais em seu Ensino e pregação, mas ao mesmo tempo não deve cometer o erro fatal de se tornar um grupo de *lobbying* e perder o foco de sua principal missão". Em KELLER, 2012, p. 241.

30   Gálatas 5:5.

31   Tiago 1:20.

32   João 18:36.

33   João 16:8.

34   Ouvi estas frases de Ziel Machado, meu professor de História da Igreja no Seminário Servo de Cristo em São Paulo. Ele me ajudou a enxergar a importância e os riscos da igreja no papel de transformação social.

35   HORSMAN, Reginald. *Race and Manifest Destiny:* The Origins of American Racila Anglo-Saxonism. Cambridge: Harvard University Press, 1981, p. 2, 6.

36   KELLER, 2012, p. 200.

37   Frase de Miroslav Volf (1953–), teólogo e escritor croata. Citada por KELLER, 2012, p. 200.

38   Lucas 17:20-21.

39   Mateus 25:14-30.

40   Segundo dados do IBGE, em 2019, no Brasil, a renda mensal domiciliar per capita foi de R$ 1.438, ou seja, R$ 47,93 por dia. Se um denário era o pagamento de um dia de trabalho na época do Novo Testamento, e um talento equivalia a 6 mil denários, um talento representa atualmente R$ 287.580. No caso de 5 talentos, o valor seria de R$ 1.437.900. Arredondei para 1,5 milhão para facilitar a compreensão.

41   1Coríntios 14:1.

Rejeitem as coisas deste mundo a fim de colocar seus pensamentos nas coisas celestiais [...] Deem roupas terrenas a Cristo para receber vestes celestiais; compartilhem comida e bebida neste mundo para se juntarem a Abraão, Isaque e Jacó no banquete celestial.

Cipriano de Cartago (210-258)[1]

Perfil Abnegado

CAMINHO	Compaixão
DOM	Serviço
COMO DAR	Dar com renúncia

Lições para vida	1. Perder é ganhar 2. Renunciar para servir 3. Depender pela fé

Na fronteira com a República Dominicana, estávamos no contrafluxo de milhares de haitianos que tentavam fugir de seu país. Era o ápice da crise migratória após o devastador terremoto de 2010. O Haiti estava quebrado, sem estoque de gasolina ou mantimentos e com toneladas de entulho nas ruas. Havia um milhão de desabrigados e mais de 70% de desempregados. Todas as escolas estavam fechadas, soldados da ONU circulavam pela cidade e o governo encontrava-se totalmente paralisado.

Ali estava nosso grupo de missionários, tentando chegar ao Haiti. Era preciso atravessar um portão para, oficialmente, entrar no país. No entanto, o portão estava abarrotado de pessoas desesperadas para sair. Ficamos mais de uma hora em uma fila de carros que lentamente passava pela polícia da fronteira.

O sol estava se pondo, e nossa situação era cada vez mais crítica, pois os portões fechariam durante a noite. Se não entrássemos antes de escurecer, ficaríamos em uma terra de ninguém, no escuro, ao lado de milhares de refugiados desesperados.

Então, o líder do nosso grupo foi falar com o guarda. Disse que estávamos prestando ajuda ao país e que precisávamos entrar. Na van, orávamos silenciosamente para que as portas fossem abertas. Mas o líder retornou cabisbaixo.

— Irmãos, ele está me pedindo dinheiro para nos deixar entrar. Não posso dar o dinheiro das ofertas que recebemos para subornar um guarda. Não há nada que posso fazer.

Imediatamente, o irmão que estava sentado ao meu lado, perguntou:

— Quanto ele quer?

— 100 dólares.

— Eu vou falar com ele.

Todos nós olhamos para ele.

— Meu dinheiro não é o das ofertas — disse, tirando a carteira do bolso, com um leve sorriso — Vou dar 50 dólares para ele e vamos entrar neste país!

Deus sabe o quanto admirei sua atitude. Enquanto silenciosamente questionávamos as implicações éticas daquela situação, o irmão se desprendeu de dinheiro, reputação e do que fosse preciso pelo bem de nossa missão, colocando-nos, assim, dentro do país.

Conheci melhor aquele homem durante a semana que passamos no Haiti. Na infância, ele havia morado no Senegal. Lá, era comum os guardas pedirem dinheiro nas estradas. Ele disse que levava camisas do Brasil para dar aos guardas: "Não como suborno, mas como presente".

Ao longo da vida, contraiu malária mais de cinco vezes. Mesmo assim, no Haiti, não passava repelente de insetos, diferentemente de todo o resto da equipe. A malária era um risco real — nosso próprio tradutor tinha sido internado com essa doença — mas isso não afetava aquele irmão destemido. Parecia que não precisava comer, beber ou dormir. Estava sempre pronto para servir.

O que mais me marcou foi como ele amava os haitianos. Ele os abraçava e se misturava como se fosse um deles. Quando nossa missão temporária chegou ao fim, perguntei-lhe o que faria de sua vida. Ele disse que seus pais moravam na Noruega e que poderia ir para lá, mas que tinha certeza de que seu lugar era com os mais carentes. Ele queria morar no Haiti.

Depois de alguns meses, foi o que fez. Desprendeu-se completamente de bens, recursos e estabilidade financeira para se entregar a serviço dos mais carentes, apregoando o Reino de Deus aos pobres.

Quem é o abnegado?

O abnegado voluntariamente escolhe perder para este mundo para ganhar com Cristo. Ele renuncia o conforto das riquezas para depender de Deus. Muitos cristãos na história seguiram esse perfil: franciscanos, dominicanos e beneditinos; monges, padres e freiras; pastores, missionários e trabalhadores sociais. Ser abnegado, no entanto, não requer largar tudo para viver num monastério ou país distante. É ser alguém que não acumula bens terrenos para si mesmo; é "reformar o mundo pregando a humildade de Cristo".[2]

Abnegado não é igual a necessitado. O primeiro vive uma forma de pobreza voluntária, enquanto o segundo, de pobreza involuntária.[3] Um escolhe a simplicidade, o outro é vítima da desigualdade. Abnegação pressupõe renúncia, enquanto necessidade pressupõe carência. Um tem algo a perder, o outro, nada. O abnegado voluntariamente abre mão de si mesmo para servir ao próximo. Sua função não é acumular para dar generosamente, administrar recursos com zelo nem combater a injustiça no mundo. Ele entende que é chamado para perder materialmente, ter compaixão do próximo e depender de Deus, deixando de lado a incerteza das riquezas. O seu dom é servir, se doar e viver para Deus, como fizeram os pescadores da Galileia.

Qualquer indivíduo que esteja disposto a abrir mão do bem-estar para dedicar sua vida a Deus pode se considerar um abnegado. Pode ser tanto um missionário que depende de ofertas, como alguém que trabalha para suprir as necessidades de outros;[4] tanto um pastor que deixou a antiga profissão para cuidar de pessoas como um profissional que trabalha meio período para pagar suas contas e dedicar o restante do seu tempo à comunidade cristã ou a algum trabalho voluntário.

A essência do abnegado é a renúncia. Sua vida não é voltada para si mesmo, mas para Deus. Quer trabalhe para se sustentar, quer dependa exclusivamente de ofertas, ele não "põe sua esperança na incerteza da riqueza, mas em Deus, que de tudo nos provê ricamente, para a nossa satisfação".[5]

Em 2012, enquanto morava em Londres e estudava para meu mestrado, tive aulas com um professor que havia trabalhado como consultor para organizações internacionais no Sudão. O Sudão do Sul havia acabado de se tornar um país independente, e passava por uma complexa guerra civil e crise de refugiados. A discussão da classe naquele dia era sobre a eficiência da ajuda humanitária em contextos de crise.

— No Sudão, muitas organizações não têm direito de entrar e sair — o professor falou, cativando-nos com detalhes sobre seu trabalho de campo. — Os interesses políticos na ajuda humanitária fecham as portas. Organizações internacionais cristãs são barradas no contexto das comunidades muçulmanas.

Ele me soava pessimista, criticando o trabalho de organizações cristãs.

— Vi muita gente fazendo coisas erradas. Muitas organizações estragavam mais do que ajudavam. Algumas fizeram doações que perpetuaram a guerra; outras chegaram querendo mudar tudo, e saíram logo em seguida, gerando rejeição ao trabalho internacional de longo prazo.

Então, ele disse algo que marcou profundamente minha vida.

— Mas havia algumas senhoras de coque que foram as que mais me impressionaram. Elas eram religiosas, mas ganharam o respeito da população, *pois viviam com eles*. Elas realmente ajudavam o povo e faziam mais do que qualquer organização podia fazer.

Aquela aula abriu meus olhos para ver o real valor do abnegado. Ele vive para se doar, dedicar sua vida para transmitir o amor de Cristo. Em vez de buscar transformar leis e sistemas em prol dos necessitados, ele deseja refletir a compaixão de Cristo, doando sua vida por amor.

O compromisso do abnegado está em abrir mão de qualquer coisa que possa tomar o lugar de Cristo. Seu desejo é deixar aquilo que talvez possua neste mundo para servir o necessitado e o desprezado e, assim, ver a face de Cristo nos olhos deles. Com isso, busca ter a mesma atitude do Senhor, que se desfez de sua riqueza e se fez pobre para que, por meio de sua pobreza, outros se tornassem ricos.[6]

A seguir veremos três lições fundamentais sobre o abnegado que foram ensinadas pelo próprio Jesus:

- Perder é ganhar;
- Renunciar para servir;
- Depender pela fé.

Lições do abnegado

PERDER É GANHAR

> *Aqueles que não temem perder não são relutantes em dar.*
>
> Tertuliano (155-240)

Jesus anunciou uma nova lei econômica de seu Reino: quem quiser ganhar precisa aprender a perder. Quem quiser entrar no Reino e herdar os dividendos eternos, precisa negar-se a si mesmo e se dispor a perder bens pessoais, inclusive a própria vida.[7] Porém, perder não significa não "jogar duro", como se diz em Salvador, na Bahia. É encarar as tribulações com coragem, sabendo que todas as coisas cooperam para o bem dos que amam a Deus[8] e, ao mesmo tempo, intencionalmente dedicar-se para que *outros* ganhem, mesmo que custe seu tempo, dinheiro e sua vida.

Perder implica duas formas de ganho: para si mesmo e para os outros. Escolher perder na terra significa que você mesmo ganha, ao acumular tesouros no céu, e que outros ganham, devido a seu desprendimento. Para o abnegado, esta é a verdadeira lei da prosperidade: optar por perdas temporárias e terrenas para si mesmo, visando alcançar ganhos eternos e absolutos para todos. Até a morte, que é a maior perda de todas, é lucro para aquele que crê na ressurreição.[9] Em seus últimos momentos antes de ser enforcado por ordem do próprio Adolf Hitler, o pastor Dietrich Bonhoeffer (1906-1945) disse estas lindas palavras a seu amigo de cela: "Este é o fim. Para mim, o início da vida".[10]

Assim como os mártires e heróis da fé, o abnegado reconhece que é estrangeiro e peregrino nesta terra, e espera por uma pátria melhor, a pátria celestial.[11] Ele segue o exemplo de Moisés, que "por amor de Cristo, considerou sua desonra uma riqueza maior do que os tesouros do Egito, porque contemplava a sua recompensa".[12] Para o abnegado, a desonra por amor a Cristo é uma recompensa mais valiosa do que os tesouros de uma carreira bem-sucedida. Se necessário, ele aceita alegremente até o confisco de seus próprios bens, pois sabe que os bens que busca são superiores e permanentes.[13]

Jesus disse para não acumularmos tesouros na terra,[14] que são voláteis e finitos, mas sim tesouros no céu, que são seguros e eternos. Para alguns, estas palavras do Sermão do Monte não condenam o acúmulo de riquezas em si, mas a ganância de sempre querer mais.[15] Para o abnegado, esta é uma instrução literal. Significa rejeitar o acúmulo de riquezas e uma vida materialista. Jesus enfatizou muitas vezes este assunto, dizendo: "Lembrem-se da mulher de Ló! Quem tentar conservar a sua vida a perderá, e quem perder a sua vida a preservará".[16] A mulher de Ló não queria *perder*, deixando para trás suas posses na destruição de Sodoma e Gomorra.[17] Assim, ao tentar conservar sua vida, perdeu-a.

A viúva Marcela (325-410) foi uma das primeiras mulheres ascéticas de Roma.[18] Ela foi louvada por sua devoção a Cristo, habilidade intelectual e abnegação. Depois de se tornar uma viúva precocemente, recusou-se a casar com o cônsul Cerealis e abriu seu palácio para ser uma casa de refúgio aos pobres. Dedicou-se a obras de caridade, abstendo-se de vinho e carne, passando seu tempo lendo as Escrituras, orando e convertendo muitas pessoas ao cristianismo. Ela morreu na invasão de Roma em 410, quando foi torturada pelos invasores visigodos que queriam que ela revelasse o local de seus tesouros. O que eles não sabiam é que ela já tinha dado tudo.

Marcela abriu mão de todos os seus bens na vida para se dedicar a Deus. Ela deixou de lado extravagâncias, vestidos e joias para viver uma vida de renúncia e serviço. Ela perdeu em termos materiais, pois poderia ter sido esposa de um cônsul e tido uma vida abastada no Império Romano. Mas, ao fim de sua vida, suas riquezas não foram saqueadas por ladrões. Elas estavam acumuladas no céu. Esta é a lição que aprendemos com a história dela e de muitos que renunciaram sua vida por Cristo em toda a história: "No Reino de Deus, ganhar é perder e perder é ganhar".[19]

RENUNCIAR PARA SERVIR

É possível dar sem amar, mas é impossível amar sem dar.

Amy Carmichael (1867-1951)

Outra lição revolucionária que Jesus ensinou sobre o seu Reino foi que quem quiser ser o maior, que seja servo.[20] Essas palavras de Jesus invertem a lógica de hierarquia do mundo. Ao trabalhar como assessor de uma organização internacional na Prefeitura de Salvador, presenciei muitos eventos com o prefeito, em que o via ser honrado acima de tudo e todos. Certa vez, um colega disse, orgulhoso, que havia calculado o tempo de sua palestra para que a concluísse assim que o prefeito chegasse. No âmbito da política municipal, o tempo do prefeito é mais precioso, e sua presença, mais importante do que a de qualquer outro.

Essa é a lógica do mundo. Primeiro os mais poderosos, depois os menos. Mas a lógica cristã não é assim: se em uma reunião tiver o prefeito e um mendigo, não se deve oferecer o melhor lugar ao prefeito e deixar o mendigo sentar-se no chão.[21] Todos devem ser tratados de forma igual, sem discriminação. Enquanto o mundo valoriza a hierarquia do poder, o Reino valoriza a renúncia para servir.

Jesus Cristo, o maior dentre todos os que viveram na terra, embora sendo Deus, renunciou-se a si mesmo e se tornou servo.[22] O maior dentre todos os governantes da terra não veio para ser servido, mas para servir.[23] Ele estabeleceu um caminho que muitos trilharam na história: o do altruísmo abnegado. Por meio de seu sofrimento, sua autenticidade como mestre foi validada diante de nós;[24] ao sofrer pela humanidade, se tornou o maior dentre todos que viveram.

Os discípulos de Cristo seguiram seus passos e renunciaram a tudo por ele.[25] O abnegado, por sua vez, faz o mesmo, como alguém que encontrou um tesouro escondido no campo, e "cheio de alegria, foi, vendeu tudo o que tinha e comprou aquele campo".[26] Ele questiona o estilo de vida do mundo, dizendo: Será que é possível amar menos[27] a vida neste mundo do que a vida eterna, se estamos desejando conforto e bens, desfrutando do melhor que há na terra?

O propósito da renúncia de Cristo foi servir com compaixão. Ele não se renunciou para provar algo para alguém ou apenas atingir um patamar de altruísmo admirável. Ele abriu mão de sua glória por empatia aos seres humanos, que se autodestruíam em sua maldade. Ele olhou para a terra e se compadeceu; orou por perdão aos que não tinham noção da crueldade que faziam[28] e se comoveu intensamente com os que haviam perdido entes queridos.[29] Sua vida foi difícil; ele foi um homem de dores, experimentado no sofrimento,[30] que aprendeu com tudo o que sofreu.[31]

Conforme escreveu o discípulo Pedro, Cristo sofreu injustamente por todos nós, deixando-nos o exemplo, para que sigamos os seus passos.[32] E assim busca fazer o abnegado, seguindo os passos de Cristo para negar-se a si mesmo e servir ao próximo com compaixão.

DEPENDER PELA FÉ

> *Senhor, que eu não fique atribulado por prata ou ouro,*
> *pois onde o meu tesouro está, tu sabes.*
>
> Paulino, Bispo de Nola (354-431)[33]

Quem escolhe as riquezas, vive preocupado; quem escolhe a Deus, vive pela fé. Para o abnegado, riquezas são sempre *excludentes*, a não ser quando compartilhadas. Acumular mais, desfrutar mais, receber mais: esse é o mantra deste mundo. O abnegado corre na contramão, desejando *perder* mais, *servir* mais e *depender* mais. Ele não trilha esse caminho por achar que Deus não quer nosso bem, mas por valorizar a dependência acima da abundância. Para ele, "a não ser que aprendamos a dependência, nunca experimentaremos a graça".[34]

Na parábola do rico insensato, a primeira coisa que o rico pensou quando sua terra produziu muito foi: "O que vou fazer? Não tenho onde armazenar minha colheita".[35] Esta é a grande preocupação de quem escolhe as riquezas: o que fazer com o dinheiro? Neste caso, o homem rico tomou a decisão lógica de construir celeiros maiores e armazenar seus bens por muitos anos. Ele achou que, dessa forma, viveria despreocupado, descansando, comendo, bebendo e se alegrando com o seu excesso. Contudo, o paradoxo de quem quer ganhar muito, achando que isso trará descanso é que quem ama as riquezas jamais ficará satisfeito com seus rendimentos.[36] E, um dia, o rico perderá sua vida. Qual terá sido, então, o sentido de seu trabalho e sua preocupação?

Em Porto Príncipe, capital do Haiti, ouvi muitos relatos de pessoas que perderam familiares e amigos em uma das maiores tragédias do século. O terremoto de 2010 deixou mais de 300 mil mortos — o equivalente à população inteira da cidade de Petrópolis, RJ, por exemplo. Em meio a tamanha catástrofe, ouvi um pastor haitiano dizer palavras marcantes: "Não temos mais nada neste mundo, mas este sofrimento nos faz ansiar pela nossa verdadeira casa". Como muitos que perderam seus bens terrenos, esse pastor encontrou sua única esperança em Deus. Na ausência de bens, entendeu o sentido de que não levaremos nada deste mundo para nosso lar eterno.

George Müller (1805-1898) foi evangelista e diretor de um orfanato em Bristol, na Inglaterra. Ele cuidou de 10.024 órfãos e fundou 117 escolas cristãs durante a vida. O mais marcante em sua história é que ele nunca pediu doações específicas a ninguém. Ele cria que Deus supriria suas necessidades e, de fato, por inúmeras vezes, dependeu de milagres. Quando os órfãos sob seu cuidado não tinham comida, eles oravam à mesa, agradecendo. Então, chegavam pessoas que batiam na porta e traziam comida. George Müller foi um abnegado que escolheu a Deus e viveu pela fé. Ele experimentou diariamente que "o Senhor é bom para os que dependem dele".[37]

Semelhantemente, os discípulos também aprenderam a depender de Deus e, com isso, experimentaram muitos milagres. Estudiosos afirmam que o discípulo Filipe provavelmente era o administrador no grupo dos discípulos, "encarregado de providenciar as refeições e cuidar dos aspectos logísticos".[38] Antes de multiplicar os pães, Jesus perguntou diretamente a ele: "Onde compraremos pão para esse povo comer?"[39] Filipe lhe respondeu: "Nem com R$ 10 mil[40] poderíamos comprar pão suficiente para que cada um recebesse um pedaço!". Porém, conforme a história segue, Jesus mostrou àquele homem pragmático e racional que tem poder sobre tudo, inclusive para suprir nossas necessidades se confiamos nele de todo o coração.

É impossível escolher a Deus e escolher também ao dinheiro. Jesus diz que ninguém pode servir a dois senhores: ou se serve a Deus ou a Mamom.[41] Este termo "servir" vem do grego *douleuō*, que indica a submissão e o trabalho de um escravo. Escravos têm um só dono, e sua vontade é nula. Somos escravos de quem escolhemos para governar nossa vida. Escravidão ao dinheiro é fazer tudo por ele. Escravidão a Deus é fazer tudo por ele, inclusive abdicar das riquezas terrenas.

A escolha do abnegado é de *não ter a necessidade de precisar de mais*. Enquanto o mundo busca "uma multiplicação sem fim de necessidades desnecessárias",[42] o abnegado procura viver pela fé, com atitudes diárias perante Deus que serão recompensadas pela eternidade. Muitos ricos irão chorar e lamentar, pois viveram luxuosamente na terra, desfrutando de prazeres, mas sendo incorretos em suas relações com o próximo.[43] Já os que confiam no Senhor devem ser pacientes diante do sofrimento, colocando sua esperança em Deus, pois sua vinda já está próxima![44]

Notas

1 Cipriano de Cartago (210–258): original de Cartago (atual Tunísia), de descendência berbere, orador e professor de retórica. Converteu-se aos 35 anos, deu sua riqueza aos pobres, e foi martirizado por se recusar a sacrificar a deuses romanos.
2 SHELLEY, Bruce L. *História do cristianismo ao alcance de todos*. São Paulo: Shedd, 2004, p. 241.

3   FRANKS, Christopher A. *He Became Poor:* The Poverty of Christ and Aquinas's Economic Teachings. Grand Rapids: Eerdmans, 2009, p. 14.

4   Efésios 4:28.

5   1Timóteo 6:17.

6   2Coríntios 8:9.

7   Marcos 8:35.

8   Romanos 8:28.

9   Filipenses 1:21.

10 METAXAS, Eric. *Bonhoeffer:* Pastor, mártir, profeta, espião. Mundo Cristão, 2012, p. 568.

11 Hebreus 11:16.

12 Hebreus 11:26.

13 Hebreus 10:34.

14 Mateus 6:19-20. A palavra original no grego é *thēsaurizō*, cujo significado é "estocar" ou "reservar" tesouros. Para mim, a questão aqui não é o fato de acumular recursos em si (por exemplo, colocar dinheiro em uma poupança), mas viver para estocar recursos terrenos ao invés de viver para o Reino dos céus.

15 EARLE, Ralph e WESSEL, Walter W. Comentários no livro de Mateus. *Bíblia de Estudo NVI.* São Paulo: Vida, 2003, p. 1627.

16 Lucas 17:32.

17 YOUNGBLOOD, Ronald. Comentários no livro de Gênesis. *Bíblia de Estudo NVI*, p. 37.

18 HALL, 1998, p. 54.

19 Frase do cristão chinês Chen Xizeng (1938–2017), também conhecido como Christian Chen. Doutor em física nuclear, morou por quinze anos no Brasil, atuou como professor e pesquisador da USP e foi autor de diversos livros cristãos.

20 Marcos 10:43.

21 Tiago 2:2-4.

22 Filipenses 2:6-7.

23 Mateus 20:28.

24 "O sofrimento valida a autenticidade do líder que não vive para si mesmo, mas pelos liderados" (TUTU, 2012, p. 212).

25 Lucas 14:33.

26 Mateus 13:44.

27 No grego, a palavra traduzida por "odiar" é *miseō*, cuja tradução é "detestar". Numa cláusula comparativa, pode ser traduzido como "amar menos".

28 Lucas 23:34.

29 João 11:32-36.

30 Isaías 53:3.

31 Hebreus 5:8.

32 1Pedro 2:20-21.

33 Pôncio Merópio Anício Paulino (354-431): nascido em Bordeaux, na Gália (atual França). Era um nobre de classe alta que foi governador de Campânia (província no sul da Itália) e deixou sua carreira para viver uma vida ascética e se tornar bispo de Nola.

34 DAS, Rupen. *Compassion and the Mission of God:* Revealing the Invisible Kingdom. Carlisle: Langham Global Library, 2016, p. 37.

35 Lucas 12:17.

36 Eclesiastes 5:10.

37 Lamentações 3:25.

38 MACARTHUR, John. *Doze homens extraordinariamente comuns.* Rio de Janeiro: Thomas Nelson Brasil, 2019, p. 143.

39 João 6:5.

40 Filipe menciona 200 denários, sendo que um denário era um dia de trabalho. Considerando que a renda mensal domiciliar per capita no Brasil em 2019 foi de R$ 1.438 (IBGE), ou seja, R$ 47,93 por dia, 200 denários equivaleriam hoje a R$ 9.586.

41 Mateus 6:24.

42 Inspirado na frase do escritor Mark Twain, "A civilização é a multiplicação sem fim de necessidades desnecessárias." Agradeço a meu amigo Luiz Felipe Xavier, por ceder sua tese de doutorado "O Ensino de Jesus Acerca do Dinheiro" (FAJE, 2019), onde encontrei esta e outras citações valiosas.

43 Tiago 5:1-6.

44 Tiago 5:7-8.

Exemplos bíblicos: Maria de Betânia, os pescadores e José

Jesus tem muitos que amam seu reino celestial, mas poucos que carregam sua cruz. Muitos desejam consolo, mas poucos, a tribulação. Muitos sentarão à mesa com ele, mas poucos compartilharão seu jejum. Todos querem alegrar-se com ele, mas poucos desejam com ele sofrer [...] Onde se encontrará alguém disposto a servir a Deus sem procurar uma recompensa?

Thomas à Kempis (1380-1471)[1]

O abnegado apresenta lições de vida essenciais para o cristão do século 21, que vive em meio a uma filosofia individualista, materialista e triunfalista. Ele ensina os valores da renúncia, compaixão e humildade. Os exemplos bíblicos que estudaremos neste perfil serão os de Maria de Betânia, dos discípulos pescadores Pedro, André, Tiago e João, e de José, pai de Jesus. Por fim, como em todos os outros perfis, veremos conselhos para os que se identificam com este perfil observarem a fim de permanecerem firmes na caminhada.

Exemplos bíblicos de abnegados

MARIA DE BETÂNIA: PERDENDO POR AMOR

Certo dia, Jesus disse:

— Os pobres, vocês sempre terão consigo, e poderão ajudá-los sempre que o desejarem. Mas a mim vocês nem sempre terão.[2]

Havia acabado de acontecer algo inesperado. Jesus estava jantando com seus amigos quando Maria, irmã de Lázaro e Marta, quebrou um vaso de alabastro com um perfume muito caro — seu valor hoje seria cerca de R$ 14 mil.[3] Com o conteúdo do vaso, ungiu os pés de Jesus.[4] O coração desta mulher era precioso, pois abriu mão de um bem caríssimo para honrar a Cristo.

Então Judas Iscariotes, que cuidava da bolsa de dinheiro dos discípulos, questionou:

— Por que este desperdício de perfume? Ele poderia ser vendido por R$ 14 mil, e o dinheiro seria dado aos pobres.[5]

Esse poderia até ser o argumento de um moderado, espantado com o desperdício, ou do transformador, pensando na justiça social. De fato, os outros discípulos concordaram com o argumento de Judas.[6] Do ponto de vista do bom senso, qual a utilidade de quebrar o vaso de perfume e despejar seu conteúdo sobre os pés de Cristo?

Porém, Jesus defendeu Maria, e chamou de boa ação o que parecia ser um desperdício:

— Deixem-na em paz. Por que a estão perturbando? Ela praticou uma boa ação para comigo. Derramou o perfume em meu corpo antecipadamente, preparando-o para o sepultamento.[7]

Essa parece ter sido a gota d'água para Judas Iscariotes. Logo após argumentar em favor da doação dos R$ 14 mil aos pobres, ele foi aos fariseus e combinou de entregar-lhes a Jesus por R$ 6 mil — o valor equivalente de 30 moedas de prata[8] — que em tempos antigos era, ironicamente, o preço de um escravo.[9]

Maria *desperdiçou* R$ 14 mil aos olhos de Judas para honrar Cristo.

Judas *lucrou* R$ 6 mil aos olhos dos fariseus para trair Jesus.

No fim das contas, "Judas vendeu Jesus por uma ninharia".[10] Foi um valor tão mesquinho para trair um amigo que, quando a transação foi completada, Judas se encheu de remorso e jogou todo aquele dinheiro no chão do templo.[11] Enquanto isso, Maria o honrou extravagantemente ao despejar um vaso de perfume aos seus pés. Quanto valeria essa honra ao Filho de Deus, Criador de todo o universo e fonte de todo o amor, antes de seu brutal assassinato? Às vezes, a irracionalidade por amor vale mais do que a racionalidade por utilidade.

O abnegado tem um coração que não pensa demais em dinheiro, que não quantifica ofertas, que não tem grandes ambições neste mundo, mas que anseia em ser como Cristo. Ele despeja seus bens aos pés de Jesus, sejam eles R$ 14 mil, seja sua vida inteira. Ele está disposto a perder, ainda que pareça desperdício de inteligência e tempo, ou uma loucura aos olhos de homens. Como Cristo, ele aceita o chamado de perder neste mundo por amor.

Da mesma forma que Maria de Betânia fez, o *abnegado* busca amar muito, servir muito e dar muito a Cristo, consciente de quem é muito perdoado, muito ama.[12]

OS PESCADORES: RENUNCIANDO A TUDO

Os irmãos Pedro e André largaram seus barcos de pesca para seguir Cristo. Eles tinham dois sócios no negócio pesqueiro, Tiago e João, que também seguiram Jesus.[13] Estes quatro pescadores renunciaram a tudo que tinham como fonte de subsistência.

Renunciar a tudo é difícil, mas Jesus disse a Pedro: "Não tenha medo; de agora em diante você será pescador de homens".[14] Antes disso, Pedro trabalhava como pescador para ganhar seu sustento e suprir as necessidades de sua família.[15] Se ele abriu mão do barco, de que maneira iria se sustentar?

Pouco antes de dizer a Pedro para não ter medo, Jesus tinha feito um milagre extraordinário: direcionou a pesca de Pedro a ponto de dois barcos transbordarem de peixes.[16] Ele mostrou que tinha poder de suprir suas necessidades e que era o próprio Deus na terra. Quem sabe a venda dos peixes desse primeiro milagre já não seria o suprimento inicial de que Pedro precisaria para largar tudo?

A história dos pescadores Tiago e João vai ainda mais longe. Quando Jesus os chamou, eles deixaram imediatamente seu barco e seu pai, Zebedeu, e o seguiram.[17] Prontamente abriram mão de seu negócio familiar para se juntarem à missão de Jesus. Não sabemos quantas gerações daquela família trabalharam como pescadores no mar da Galileia, mas aqueles dois homens entenderam que deveriam abdicar de sua história e herança para seguir a Cristo.

O chamado de Jesus é tudo ou nada: "Quem ama seu pai ou sua mãe mais do que a mim não é digno de mim".[18] Não há pai ou filho, negócio ou projeto, bem ou valor que possa ser mais amado do que Cristo. Esses pescadores entenderam o sentido de tomar a cruz e seguir a Jesus, pois estavam dispostos a renunciar a tudo por ele.

Um mestre da lei, certa vez, disse a Jesus uma frase que, hoje, muitos cantam pelas igrejas: "Mestre, eu te seguirei por onde quer que fores".[19] A este homem Jesus respondeu que não tinha onde repousar sua cabeça — ou seja, se quisesse segui-lo, teria de abdicar de sua zona de conforto. Jesus sempre foi franco ao dizer que o caminho cristão é estreito e exige renúncia diária.

Alguns cristãos são como o mestre da lei, prontos para declarar seu amor com palavras, mas hesitantes em fazê-lo com ações. Porém, há outros como os pescadores, que abandonaram seu negócio, tomaram sua cruz e seguiram a Jesus, ensinando-nos uma preciosa lição sobre desprendimento e renúncia total.

JOSÉ: VIVENDO PELA FÉ

José, o pai de Jesus, foi incumbido com a maior tarefa que qualquer pai já teve na história: prover e cuidar do menino Jesus, que se tornaria o Salvador do mundo.

E se ele falhasse?

Hoje sou pai de dois meninos (quem sabe quantos mais virão!), e todos os dias reflito sobre meu dever de pai. Quero educá-los bem, ter paciência, ensinar-lhes o que é certo e errado e dar-lhes o máximo possível de coisas boas, materiais, emocionais e espirituais. Imagino que José pensasse da mesma forma. Certa vez, quando perdeu Jesus de vista durante uma viagem, ele e Maria ficaram desesperados.[20] Sofriam como pais comuns, e, ainda assim, optaram por uma vida de total dependência pela fé.

Eles viveram um momento turbulento durante a infância de Jesus. Herodes havia ordenado que todos os meninos de Belém com menos de 2 anos fossem assassinados. José devia estar apreensivo diante de tempos tão delicados por conta de um governante insano. Mas sua história com Maria e o menino Jesus teve um desenrolar muito interessante.

Em meio a uma crise social e muito sangue inocente derramado, um anjo apareceu a José e disse que ele fosse ao Egito, até que a situação passasse. José obedeceu imediatamente, deixando sua casa no meio da madrugada.[21] Ele era um homem justo, que já havia obedecido a Deus ao aceitar Maria como esposa, grávida, arriscando sua própria reputação na comunidade. Contudo, um ponto-chave desta história é: *de onde* aquele carpinteiro recém-casado tirou dinheiro para uma longa viagem entre Belém e o Egito — cerca de 420 quilômetros — no meio do deserto, com a mulher e o menino de colo?

Deus orquestrou o suprimento financeiro daquela família de forma incrível. Uma caravana de magos do Oriente viajou de muito longe, seguindo uma estrela no céu, para testemunhar o nascimento do bebê Jesus. Se o ponto de partida foi a Babilônia, por meio da principal rota comercial da época que se estendia por 1.288 km, sua viagem teria levado cerca de quarenta dias.[22] Assim que chegaram à casa em que Jesus estava, prostraram-se e adoraram o menino. Então abriram os seus tesouros e lhe deram presentes: ouro, incenso e mirra.

"Tendo-se eles retirado",[23] Mateus relata, eis que o anjo apareceu a José e disse para fugir ao Egito. O teólogo Michael Wilkins levanta a hipótese de que os presentes dados pelos reis magos "foram usados providencialmente para apoiar a família em sua fuga para o Egito",[24] ou seja, com o tesouro que receberam de magos vindos de terras muito distantes, José e a família foram supridos para uma longa viagem, a fim de poder se estabelecer por um tempo em outro país, de cultura e idioma diferentes.

Quem escolhe Deus, vive pela fé. Quem escolhe o dinheiro, vive com medo de perder. Refletindo hoje sobre José, fico pensando em que eu faria se tivesse de abandonar tudo para morar como refugiado em outro país, com um filho pequeno e o dever de instruí-lo para ser o salvador do mundo. Será que eu viveria pela fé ou faria de tudo para garantir o mínimo de contratempos possíveis e sentir-me como o responsável provedor de minha família? Ao longo de minha caminhada, tenho percebido cada vez mais que, "quando somos motivados pelo Reino de Deus e não pelo medo de que nos falte algo, adquirimos uma relação justa com o dinheiro".[25]

Ora, se José se desprendeu dos recursos e da estabilidade para viver pela fé, com um filho que não era "seu" e uma responsabilidade como pai que talvez fosse a maior que pudesse haver, não há desculpas para casal algum hoje dizer que não pode viver para Deus devido à falta de recursos ou por seus deveres familiares. José e Maria foram supridos por Deus, e também o seremos se assim vivermos. Conforme diz o profeta Isaías, aqueles que esperam em Deus nunca serão decepcionados.[26]

Conselhos ao abnegado

Como os outros três perfis, o abnegado também tem imperfeições e corre riscos que devem ser evitados. O abnegado busca uma vida de dependência de Deus, mas isso não quer dizer que seu caminho seja mais excelente do que o de outros perfis. O único caminho mais excelente é o amor.[27] Se o abnegado renunciar a tudo e der seus bens aos pobres, mas o fizer sem amor, não haverá sentido. Deste modo, a principal pergunta relacionada ao estilo de vida abnegado é: *Como viver responsavelmente abrindo mão de recursos neste mundo?*

Vejamos a seguir alguns conselhos para o abnegado não cair em erros e tentações que muitos já caíram na história.

QUE SUA ABNEGAÇÃO NÃO DEMONIZE A RIQUEZA E DESPREZE AOS RICOS

> *Pois Deus não considera o que possuímos,*
> *mas o que cobiçamos.*
>
> Agostinho de Hipona (354-430)

Se a riqueza for subordinada a Deus, ela pode se tornar um instrumento em suas mãos. O risco de dizer que a riqueza é má por natureza restringe a possibilidade de ela ser usada para fazer o bem. Como argumentou Clemente de Alexandria, o problema não é a riqueza, mas as paixões da alma, pois são elas que nos impedem de usar a riqueza sabiamente.

No coração de Jesus não existia condenação para os ricos, mas uma profunda compaixão por sua situação lamentável, pois seu anseio por riquezas era tão forte, que, na realidade, seria mais fácil passar um camelo pelo fundo de uma agulha do que entrar um rico no Reino de Deus.[28] Jesus não veio para condenar os ricos nem julgar o mundo,[29] mas sim para trazer a esperança de um Reino eterno para *todos*.

A opção de viver abstendo-se de riquezas é lícita a qualquer cristão, mas a demonização da riqueza em si pode levar à falta de compreensão do Reino de Deus, pois Cristo aceitou aos ricos também. Se o abnegado desprezar o rico por causa de sua riqueza, ele despreza a quem Cristo não desprezou.

QUE SEU SERVIÇO NÃO VIRE UM ATIVISMO FORÇADO

> *Muitos homens religiosos gastam duas vezes*
> *mais esforço para chegar ao inferno do que*
> *seria necessário para alcançar o céu.*
>
> Russell Shedd (1929-2016)

O abnegado serve ao próximo, pois este é seu dom. Ele dedica sua vida para missões, projetos sociais ou para a Igreja. Porém, ele não deve ser como Marta, que, estando ocupada com muito serviço, quis forçar sua irmã a ajudá-la. Renunciar à vida para servir a Cristo não significa automaticamente agradar a Deus. É preciso estar aos pés dele, como fez Maria, para aprender a dar cada passo em dependência.[30]

O ativismo religioso é problemático, pois coloca o mérito acima da graça, e impõe fardos pesados sobre os outros.[31] Não há nada que o abnegado possa fazer para ganhar mais aceitação diante de Deus. Somos salvos pela graça, não por obras, para que ninguém se glorie.[32] A graça de Deus não pode ser reduzida por nenhuma obra do homem.

O apóstolo Paulo nos ensina a não nos submetermos a regras religiosas, pois isso tem aparência de sabedoria, mas é falsa humildade e não tem valor algum para frear os desejos pecaminosos.[33] Da mesma forma, o abnegado não deve disciplinar-se com regras e um estilo de vida rígido, achando que isso trará mais santidade, ao invés de depender da graça de Deus. Que ele sirva ao compreender a graça, pois é apenas por meio da graça que conhecemos a Deus.

QUE SUA ABNEGAÇÃO NÃO LEVE A UMA RELIGIOSIDADE ORGULHOSA

> *O orgulho deve morrer em você, ou nada*
> *do céu pode viver em você.*
>
> Andrew Murray (1828-1917)

Durante o curso da história, muitos abnegados que viveram dedicadamente pela fé e pelo desprendimento permitiram com que o orgulho subisse ao coração e desvirtuasse a beleza de sua simplicidade. Esse foi o caso de muitos no movimento monástico da era medieval, que se viam como um "caminho superior" do cristianismo. Por exemplo, os ebionitas, uma das ramificações do cristianismo primitivo, acreditavam que a pobreza material era uma condição *necessária* à salvação.[34] Ao crerem nisso, julgavam impossível a salvação de qualquer pessoa que não adotasse o mesmo estilo de vida que eles.

Hoje em dia, o abnegado corre o risco de viver criticando outros que não vivem igual a ele como se fossem pessoas inferiores aos olhos de Deus.

Esse orgulho religioso tende a levar a extremismos, forçando usos e costumes ou isolando o cristão da sociedade, com a presunção de que isso proporciona maior santidade. A estes Jesus diz: "Cuidado com o fermento dos fariseus, que é a hipocrisia".[35]

Como todos, o abnegado deve aprender qualidades com os outros perfis, por exemplo a gratidão do doador, o bom senso do moderado e a fome por justiça do transformador. Ele deve atentar a não ficar sozinho e achar que subsiste de forma independente, para que não venha a cair.

QUE SUA RENÚNCIA NÃO SEJA SEM A DIREÇÃO DO ESPÍRITO

A pobreza pode causar ainda mais preocupação do que se teria com a riqueza.

Pie-Raymond Régamey (1900-1996)

Quantas pessoas deixam a universidade, o trabalho e até a família para se aventurar em projetos ou missões, e acabam retornando frustradas com o trabalho no campo, sem sustento para si e os seus? O abnegado deve ouvir claramente a voz do Espírito antes de tomar decisões. Ele deve se lembrar de que "o caminho do insensato parece-lhe justo, mas o sábio ouve os conselhos".[36] Ele deve ter ciência de que profecias devem ser julgadas cuidadosamente,[37] e que todos os planos devem ser colocados nas mãos de Deus para que ele dê a direção.[38]

David Livingstone (1813-1873) é conhecido como o maior missionário que atuou na África. Ele deixou sua vida na Grã-Bretanhã para pregar o evangelho em tribos africanas, abrindo as portas do continente para milhares de missionários cristãos. Ele era declaradamente contra o imperialismo e tráfico negreiro e vivia sua vida exemplarmente por Cristo, conforme suas palavras: "Eu não dou valor a nada que tenho ou possuo, apenas em relação ao Reino de Cristo".[39]

Contudo, ao viver tudo isso, Livingstone deixou sua esposa para trás, cuidando sozinha de seus filhos. Ela ficou doente e faleceu aos 41 anos. Ao fim de sua vida, Livingstone lamentou apenas uma coisa: não ter passado mais tempo com sua família.

Abrir mão de tudo não é garantia de um caráter saudável, de uma família unida, de uma vida segundo o propósito de Deus. Se alguém descarta a riqueza, não significa que ele cessará de cobiçá-la. Pois não poderia o pobre cair na cilada da inveja e da ganância, e o rico experimentar genuína pobreza de coração?[40]

O vento sopra onde quer, e não sabemos de onde vem nem para onde vai. Assim são os nascidos do Espírito,[41] que acima de tudo estão sujeitos à voz do Bom Pastor, quer para abrirem mão de tudo, quer para permanecerem na condição em que estão.[42]

Notas

1   Thomas à Kempis (1380-1471): natural da Renânia do Norte (atual Holanda/Alemanha), viveu como monge em pobreza, castidade e devoção, e foi o autor de um dos livros devocionais cristãos mais lidos da história, *A imitação de Cristo*.

2   Marcos 14:7.

3   O valor do vaso de perfume era cerca de 300 denários, sendo que um denário era um dia de trabalho. Considerando que em 2019, no Brasil, a renda mensal domiciliar per capita foi de R$ 1.438, ou seja, R$ 47,93 por dia (IBGE), 300 denários equivaleriam hoje a R$ 14.379.

4   João 12:1-3.

5   Marcos 14:4-5.

6   Mateus 26:8. A versão em Mateus não menciona especificamente a Judas, mas aos discípulos em geral, dando a entender que não foi um pensamento crítico único de Judas.

7   Marcos 14:6-8.

8   Marcos 14:10-11. Apesar de haver divergências quanto a este valor exato, historiadores afirmam que 30 moedas de prata eram equivalentes a quatro meses de salário de um trabalhador qualificado. Considerando a renda média diária de R$ 47,93 no Brasil em 2019 (IBGE), quatro meses de trabalho equivaleriam a cerca de R$ 5.751.

9   Êxodo 21:32. Trinta moedas de prata era o preço estabelecido de pagamento por um eventual acidente que tirasse a vida de um escravo.

10 MACARTHUR, 2019, p. 215.

11 Mateus 27:3-5.

12 Lucas 7:47.

13 Lucas 5:10a.

14 Lucas 5:10b.

15 Cf. Mateus 8:14. Pedro tinha sogra, o que implica em ser ou ter sido casado, apesar de não haver menção de sua esposa na Bíblia.

16 Lucas 5:1-7.

17 Mateus 4:22.

18 Mateus 10:37.

19 Mateus 8:18.

20 Lucas 2:41-46.

21 Mateus 2:13-14.

22 WILKINS, Michael J. Comentários no livro de Mateus. *ESV Study Bible*, p. 1822.

23 Mateus 2:13.

24 WILKINS, Michael J. Comentários no livro de Mateus. *ESV Study Bible*, p. 1823.

25 BOVON, François. *El Evangelio Según San Lucas: Lc 9,51-14,35*. Vol. 2. Salamanca: Sigueme, 2002. Frase adaptada: "Quando cristãos estão motivados pelo Reino de Deus e não pelo medo de que lhes falte algo, adquirem uma relação justa com o dinheiro".

26 Isaías 49:23.

27 1Coríntios 12:31.

28 KUYPER, 2020, p. 106.

29 João 12:47.

30 Lucas 10:40-42.

31 Mateus 23:2-7.

32 Efésios 2:8-9.

33 Colossenses 2:20-23.

34 SCHAFF, Philip. *History of the Christian Church*. Vol 2. Ante-Nicene Christianity. A.D. 100-325, p. 363. Disponível em: <www.ccel.org/ccel/schaff/hcc2.pdf>. Acesso em: 31 out. 2019.

35 Lucas 12:1.

36 Provérbios 12:15.

37 1Coríntios 14:29.

38 Provérbios 16:1.

39 NEILL, Stephen. *A History of Christian Missions*. Penguin History of the Church. Vol. 6. London: Penguin Books, 1991, p. 315.

40 Palavras de Clemente de Alexandria, citadas por HALL, p. 193.

41 João 3:8.

42 1Coríntios 7:20-24. Paulo demonstra que a condição social de alguém não define sua essência. Um escravo aos olhos da sociedade pode ser livre em Cristo; um homem livre pode se tornar escravo de Cristo. Nenhuma condição é superior a outra aos que são chamados por Cristo.

Economia do Reino

O único significado da vida consiste em ajudar a estabelecer o Reino de Deus.

Liev Tolstói (1828-1910)

Jesus Cristo convida todos a participarem da economia de seu Reino. Sua moeda não é de troca, nem é possível ser acumulada. Tudo que existe nessa economia não tem custo. Todos são bem-vindos: os que não têm dinheiro podem comer, tomar leite e vinho, pois tudo é de graça.[1] Também não há transações de interesse próprio.[2] Ninguém é devedor nesta economia, mas todos que participam dela escolhem ser infinitamente devedores de amor.[3]

A economia do mundo em que vivemos preza, acima de tudo, por maximizar os ganhos individuais; a economia do Reino, por maximizar os ganhos absolutos. Os que pertencem a ela preferem perdas relativas que tragam ganhos absolutos do que ganhos relativos que tragam perdas absolutas. O maior exemplo dentre todos foi o próprio Rei, que abriu mão de sua glória e se fez pobre e vulnerável. Sua perda abriu um caminho de volta ao Éden para todos. É um caminho estreito, mas com um ganho absoluto inigualável para a humanidade.

Esse caminho nos leva a uma nova forma de enxergar o mundo. Ele conduz ao símbolo desta economia do Reino: uma árvore frondosa, com raízes profundas, tronco firme, folhas que não murcham e frutos que dão no tempo certo.[4] Ela vive para oferecer ao mundo oxigênio, proteção contra o sol e frutos deliciosos. Em troca, não ganha nada. Mas este é o seu propósito: por meio de sua existência, toda a humanidade é beneficiada, e por meio de sua beleza, ela revela seu Criador. Com suas raízes profundas, ela extrai nutrientes do solo; com seu tronco robusto, mantém equilíbrio e sustentação; com suas folhas, purifica o ar e ameniza o calor; e, com seus frutos, sacia e delicia a humanidade com seu sabor.

As raízes são invisíveis, mas alimentam toda a árvore. São fundamentais na absorção da água e dos sais minerais para que a árvore subsista. Elas se expandem por debaixo da terra para coletarem, reservarem e transmitirem nutrientes. *Assim são os doadores.* Eles dão sem o desejo de serem vistos, e não medem esforços para sustentar toda a árvore com seus recursos. É sua busca por nutrientes que faz com que a árvore seja frondosa e frutífera. Sem doadores, não há crescimento, e logo a árvore perde seu vigor e sucumbe às estações mais severas.

Os nutrientes coletados pelas raízes são conduzidos pelo tronco, que é responsável por unir as partes, providenciar sustentação e conduzir os nutrientes para as folhas. O tronco é estável, seguro e traz equilíbrio para a árvore. Sem um tronco saudável, de nada vale ter nutrientes absorvidos pelas raízes, pois não chegarão às extremidades. *Assim são os moderados.* Eles conduzem os recursos para que sejam eficientemente destinados. Dão sustentação com sua estabilidade, sem permitir que as tempestades destruam a árvore e a arranque de suas raízes.

Os nutrientes são conduzidos até as folhas. Elas são responsáveis por transformá-los em glicose, que serve de alimento para a árvore, e em oxigênio, para respirarmos. Tanto a energia vital da árvore quanto a purificação do ar são responsabilidade das folhas, que também providenciam remédio e proteção do calor do sol. *Assim são os transformadores.* Eles dão uso aos nutrientes que vêm das raízes e são conduzidos pelo tronco. Eles absorvem o calor do sol e transformam um nutriente interno em benefício externo. Sem as folhas, a árvore não conseguirá crescer saudavelmente e tampouco poderá frutificar.

Por fim, os frutos são o contato direto entre a árvore e seus beneficiários. Primordialmente, sua responsabilidade é proteger as sementes para que a espécie se multiplique. Mas também oferecem nutrientes para o homem. *Assim são os abnegados.* Eles servem e nutrem a outros com compaixão. Sua principal tarefa é guardar e disseminar as sementes, que são as boas-novas do evangelho.[5] A única razão pela qual a árvore do Reino existe é por causa da semente, que é uma pérola preciosa que vale mais do que todos os bens deste mundo.[6] E os frutos, sendo os receptáculos das sementes, cumprem assim o seu papel.

Valores da economia do Reino

O Reino de Deus não é uma coisa que se possa ver. Não há como dizer: "Vejam, está aqui neste sistema!", ou, "Vejam, está aqui através deste governo!", porque o Reino está entre nós.[7] Um dos primeiros documentos apologéticos cristãos, *Epístola a Diogneto,* escrito por um discípulo anônimo por volta do século 2, expressa bem a identidade dos que pertencem a esse Reino:

> Habitam em suas próprias pátrias, mas todos são forasteiros. Participam de tudo como cidadãos, mas em tudo sofrem como estrangeiros [...]. Encontram-se na carne, mas não vivem segundo a carne. Passam seus dias na terra, mas são cidadãos do céu. Obedecem às leis estabelecidas, mas as transcendem com seu estilo de vida.[8]

A economia do Reino não tem a ver com os reinos deste mundo, mas sim com um Reino eterno. Nele, não há superiores ou inferiores, pois não há distinções de valor. Não há espaço para dissensões nacionalistas, pois todos que dele fazem parte anseiam por uma cidade eterna, cujo arquiteto é Deus.[9] Conforme argumentou o bispo François Fénelon (1651-1715), sua lógica é que "todas as guerras são civis, pois todos os homens são irmãos". Assim, neste Reino que transcende fronteiras, árabes abraçam judeus, a direita caminha com a esquerda, e refugiados são tratados como cidadãos nativos.

A economia do Reino não é um sistema; é um conjunto de valores. Não tem a ver com a promoção da luta de classes, tampouco com a defesa do livre mercado. Independentemente de qual estrutura sistêmica política, econômica e social vigente, ela subsiste. Não há comunismo que a sufoque, capitalismo que a exclua, ditadura que a extinga, ou pós-modernismo que a relativize. Esta economia é de um Reino que existe hoje e permanecerá para sempre, assim como foi anunciado pelo profeta Daniel há dois milênios e meio.[10]

Esse Reino dá uma perspectiva eterna à vida terrena. Quando não se tem essa perspectiva, desencadeia-se uma busca pela felicidade apenas na vida terrena. Essa, por sua vez, provoca uma atmosfera de impulsos imediatistas e individualistas.[11] O materialismo da sociedade atual tem uma lógica simples: "Se não sabemos de onde viemos nem para onde vamos, por que não aproveitar a única coisa que sabemos que de fato possuímos: o dia de hoje?". Diferentemente, a economia do Reino atua sobre a lógica de que aquilo que vemos não foi feito do que é visível,[12] por isso vivemos o hoje segundo o que não vemos.

Como definição, a economia do Reino é um conjunto de valores em que "ainda que nenhum homem tenha nada, todos os homens são ricos".[13] Ela tem sido vivenciada por comunidades cristãs durante toda a história. A Igreja em Jerusalém no século 1 tinha tudo em comum, pois distribuíam suas posses entre si conforme a necessidade de cada um.[14] Outro exemplo é a Alemanha do século 16, na qual cada comunidade buscava cuidar dos seus pobres, pois, conforme as palavras de Lutero, "ninguém deveria mendigar entre cristãos".[15]

Esses valores não nos levam a sair deste mundo, mas a saber viver nele. Ainda que a desigualdade seja impossível de se extinguir por completo,[16] equidade significa que todos tenham o mesmo valor perante a sociedade. Como disse o presidente cristão da Tanzânia Julius Nyerere, em 1967, que "nenhum homem precise se sentir envergonhado de sua abundância diante da pobreza do outro".[17] A essência da economia do Reino não é todos terem a mesma quantidade material, mas todos terem igual dignidade.

A economia do Reino não tem medida quantitativa; ela é essencialmente qualitativa. O que se tem ou é dado não é contabilizado matematicamente aos olhos de Deus. Enquanto que, aos olhos humanos, a igreja de Laodiceia era muito rica, para Deus, era miserável.[18] Enquanto os olhos humanos viram apenas as duas moedinhas de cobre da viúva, os olhos divinos viram que aquela foi a maior oferta de todas.[19] Essa é a lógica da economia do Reino.

Alguns valores desta economia foram apresentados nos quatro perfis neste livro. Cada perfil apresentou três lições de vida valiosas a todos que desejam participar deste Reino. Conforme a tabela abaixo, o conjunto das lições que estudamos pode ser resumido em doze valores essenciais da economia do Reino.

Perfil	Valores da economia do Reino		
Doador	Gratidão: *Desfrutar com gratidão*	Generosidade: *Dar espontaneamente*	Humildade: *Alegrar-se na invisibilidade*
Moderado	Mordomia: *Cuidar com mordomia*	Simplicidade: *Viver de modo simples*	Contentamento: *Contentar-se sempre*
Transformador	Misericórdia: *Prestar assistência*	Esperança: *Desenvolver inteiramente*	Justiça: *Reformar a sociedade*
Abnegado	Renúncia: *Perder é ganhar*	Compaixão: *Renunciar para servir*	Dependência: *Depender pela fé*

Tabela 5. Valores da economia do Reino.

É possível buscar sistemas econômicos que, de fato, gerem mais igualdade de oportunidades e recursos. Este é o desafio da nossa sociedade em geral: legisladores, políticos, juízes, empreendedores, ativistas cristãos ou não. Ainda assim, não significa que todos se verão como iguais, ninguém sendo superior em merecimento de amor.

Igualdade mundana é levar o pobre para o mundo dos ricos. É o Starbucks chegar à África. É o pobre conquistar na vida e se parecer com o rico.

Igualdade cristã é tratar o próximo sem diferença. É cuidar do outro como se fosse um irmão. É o rico compartilhar a vida com o pobre como um igual.

Assim, apenas no amar ao próximo há real igualdade. A economia do Reino não defende necessariamente a igualdade social (pois há revoluções e extremos aos quais seus princípios não se alinham), mas sempre defenderá a equidade no amor. Pois ser igual não é ter o mesmo tanto de recursos; é ser considerado da mesma forma.

E agora: como viver?

Vimos quatro perfis com caminhos distintos, mas que compõem juntos uma mesma economia do Reino. O primeiro passo é ter um melhor entendimento sobre quem é você e qual o seu papel. Ao ler os perfis, com qual você se identificou mais?

Em um espectro, você se enxerga hoje mais como alguém que está trilhando o caminho de ter recursos e ser generoso ou que depende da provisão de Deus? Esse é o eixo horizontal da figura 5. Além disso, você tem atribuído mais valor ao contentamento de uma vida simples ou ao inconformismo da luta pela justiça para mudar sua realidade? Esse é o eixo vertical. De forma geral, esses dois eixos formam os quatro perfis, cada um com seus valores essenciais. Tente se situar nesta figura, encontrando as características que lhe são mais comuns.

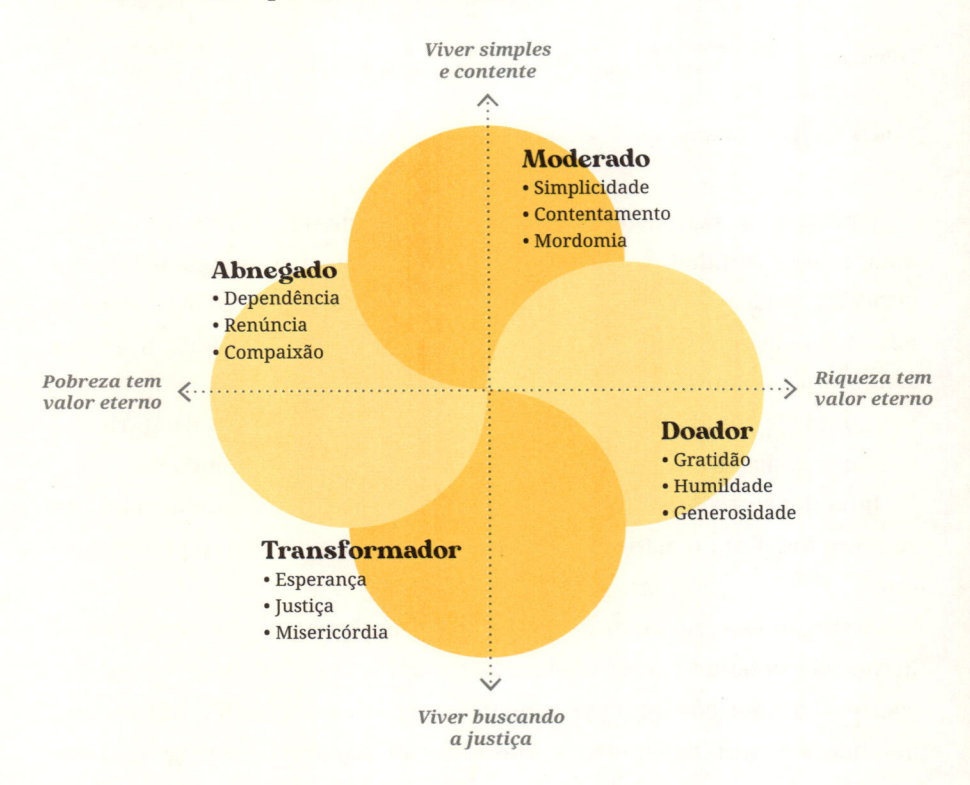

Figura 5. Perfis e valores da economia do Reino no mundo.

Evidentemente, existe sobreposição entre os círculos. O objetivo desta figura não é restringi-lo a um perfil específico, mas demonstrar que existem diferentes valores na economia do Reino, cada um com seu papel.

Além de tentar identificar o perfil (ou perfis) que mais faz sentido em sua vida hoje, sugiro que veja novamente o gráfico e pense: Quais destes doze princípios apresentados você *menos* tem? Por exemplo, você talvez vive em simplicidade, mas não faz nada em relação à justiça na terra; ou você talvez viva em renúncia quanto a questões materiais, mas não possui humildade para perceber que não é superior aos demais.

Identificar o que você menos tem deve levá-lo a aprender esses valores com quem os possui. Como vimos até aqui, na economia do Reino, ninguém é completo por si só.

A questão-chave tratada neste livro foi *como lidar com a riqueza e pobreza no mundo*. O propósito foi lhe dar uma melhor compreensão sobre:

1. Quem você é, qual sua forma de pensar, qual sua função diante da riqueza e pobreza;
2. Como você pode melhorar e evitar riscos e quedas em armadilhas na sua caminhada;
3. A existência de cristãos que pensam e agem diferente de você, e que são igualmente importantes para o Reino.

Diante disso, uma pergunta final permanece: *De que forma esta economia do Reino pode mudar o mundo?*

O Reino de Deus é tanto presente quanto futuro. Conforme proposto pelo teólogo Geerhardus Vos (1862-1949), este Reino *já* está entre nós, mas *ainda não* em sua plena forma. Como a economia do Reino vai transformar o mundo depende de como os cristãos enxergam a dinâmica entre o *já* e o *ainda não* desse Reino. Porém, uma forma pela qual a economia do Reino já muda o mundo é impactando o modo atual de vida das pessoas. Milhões de cidadãos deste Reino escolhem diariamente ter uma perspectiva espiritual e eterna da vida em vez de terrena e temporal. Eles escolhem muitas vezes a perda material, para ganharem com Deus. Eles decidem que pessoas são mais importantes que bens, e isso muda toda a sua dinâmica de vida.

A economia do Reino serve como um norte, uma inspiração, "um horizonte que nos dá sentido para a caminhada, e que nos permite ver como o mundo em que vivemos não é o que deveria ser".[20] Ela nos leva a viver como pessoas que não pertencem a este mundo, mas que carregam, como embaixadores,[21] a bandeira dos valores de nosso Rei.

Não sabemos como, nem quando, mas um dia o Rei retornará e fará todas as coisas novas, estabelecendo seu Reino plenamente para todo o sempre. Enquanto isso, cabe a nós a tarefa de anunciar este Reino, presente e vindouro, até que ele venha.

Notas

1 Isaías 55:1.
2 1Coríntios 13:5.
3 Para Søren Kierkegaard, "Amar é ter contraído uma dívida infinita". Ele explica esse conceito em seu excelente livro *As obras do amor:* Algumas considerações cristãs em forma de discursos (Petrópolis: Vozes, 2013, p. 218).
4 Salmos 1:3.
5 Lucas 8:11.
6 Mateus 13:45-46.
7 Lucas 17:20-21.
8 BADR, Habib. *Christianity:* A History in the Middle East. Beirut: Middle East Council of Churches, 2005, p. 86.
9 Hebreus 11:10.
10 Daniel 7:27.
11 KUYPER, 2020, p. 113.
12 Hebreus 11:3.
13 MORUS, Thomas. *A Utopia.* Rio de Janeiro: Nova Fronteira, 2011, p. 22.
14 Atos 2:44-45.
15 LUTERO, Martinho. *The Collected Works of Martin Luther.* E-artnow, 2018.
16 Mateus 26:11; Deuteronômio 15:11.
17 STOTT, 2014, p. 193.
18 Apocalipse 3:17.
19 Marcos 12:41-44.
20 SUNG, Jung Mo. *A graça de Deus e a loucura do mundo.* São Paulo: Reflexão, 2015, p. 41.
21 2Coríntios 5:20.

Epílogo

De volta ao grande banquete

odia ouvir de longe o som do grande banquete, à medida que me reaproximava daquela festa. Um vento forte parecia me conduzir, sem que eu pudesse controlar sua intensidade. Fui completamente absorvido pelo momento e perdi a noção de tempo e espaço, até que senti um leve toque em meus ombros.

— Olá, forasteiro.

Era o Jardineiro. Mal podia crer que estava de volta àquele paraíso infinito. Senti um desejo profundo de abraçá-lo e agradecer-lhe, de me ajoelhar e chorar de alegria até secar minhas lágrimas. Que alegria vê-lo novamente naquele lugar! Sentia vontade de honrá-lo por sua nobreza, por isso, me prostrei, com o rosto ao chão.

— Não faça isso! — ele me deteve. — Sou servo de Jesus, como você. Venha, eu o levarei a ver algo de que você nunca se esquecerá.

Ele me conduziu a outra ramificação da grande mesa-árvore. Percorrê-la era como revisitar a memória do que aconteceu na história; era uma vitrine do tempo. Os seres pareciam estar assentados em seu devido período histórico. Senti a adrenalina correr em meu corpo ao poder voltar àquele ambiente tão profundamente sábio.

Fui conduzido à presença de um ser cujo brilho me chamou a atenção em meio a tantos igualmente resplandecentes. Seu nome era Olímpia (365-408); ela exalava nobreza. Havia sido uma mulher muito bonita e admirável, herdeira de uma grande fortuna e esposa do prefeito de Constantinopla. Depois de dois anos casada, ficou viúva. Ainda que muitos desejassem sua mão em casamento, Olímpia decidiu se tornar diaconisa da igreja em Constantinopla e dedicar sua vida para Deus.

Sentado ao seu lado estava aquele que havia sido líder da mesma igreja em Constantinopla. Chamava-se João Crisóstomo (347-407). Era um ser notável, que transmitia grande sabedoria em seu semblante. Quando abriu a boca, suas palavras pareciam iluminar ainda mais o ambiente.

— Irmãos, devemos dar a cada um o que lhe é devido. Assim, à Olímpia, a honra. Foi ela quem supriu minhas necessidades materiais na breve vida que tive.[1] Apesar de ter herdado uma grande fortuna, ela não a usou para seu benefício exclusivo, mas escolheu dar generosamente em prol da comunidade cristã.

Olímpia sorria com tanta ingenuidade, que constrangeu meu coração. Sentia-me tão distante de ter aquela pureza genuína.

— Olímpia optou por distribuir suas posses de boa vontade aos pobres.[2] Ela sempre teve um coração aberto a dar, sem calcular as intenções dos que recebiam seu apoio. Além disso, ela sozinha supriu todas as minhas necessidades para que eu pudesse me dedicar inteiramente à função de bispo da igreja de Constantinopla. Ela apoiou não somente a mim, mas também a muitos outros irmãos na Grécia, Ásia Menor e Síria.

Ele citou nomes de grandes líderes cristãos de sua época. Refleti sobre quão importante havia sido aquela mulher. Com sua herança, apoiou a expansão do cristianismo muitos séculos atrás, até que chegasse a nós hoje.

João Crisóstomo continuou sua narrativa.

— Queridos, não digo isso para engrandecimento humano, mas para lembrarmos o valor das boas obras. Olímpia era uma das mulheres mais ricas, poderosas e conhecidas no mundo. Foi uma jovem que poderia ter tudo que o mundo tinha a oferecer, mas escolheu uma aparência sem pretensão, um caráter sem artificialidade, uma mente sem vanglória e revestiu-se do ornamento dos humildes.[3] E, hoje, ela brilha diante de nós, pois nenhum trabalho é vão no Senhor.

Queria ouvir o que Olímpia tinha a dizer diante de tão belas palavras, mas ela nada falou. João Crisóstomo, porém, franziu as sobrancelhas enquanto parecia olhar em minha direção.

— Infelizmente, alguns se aproveitavam da generosidade de Olímpia. Muitas vezes, encontrei-a em uma encruzilhada: deveria dar abertamente a todos que lhe pedissem? Adverti-a, então, de que era preciso ser responsável no cuidado das riquezas que Deus lhe havia dado. Disse-lhe que poderia confiar na minha ajuda para direcionar seus recursos aos que realmente eram necessitados. Assim, cumpriria minha função de bispo da igreja, impedindo que as ofertas de amor de minha estimada Olímpia fossem para as mãos erradas.

Quando ele contou esta história, dei-me conta de que Olímpia cumpria a função de doadora, enquanto João Crisóstomo de moderado. Que bela combinação servia a cidade de Constantinopla do século 4!

— E o que você fazia com os recursos, estimado João? — alguém sentado à mesa perguntou.

— Ora, destinei-os aos que realmente necessitavam. Da mesma forma que desejamos que nossa oferta à Igreja seja cuidadosamente dispensada, você não acha que Deus exigiria de nós tal cuidado, com ainda maior rigor, pelos recursos que ele coloca em nossas mãos? Ou acha que ele permitiria que os recursos fossem desperdiçados ao acaso? Certamente não. De fato, Deus poderia ter retirado as posses de Olímpia, mas não o fez. Deixou-as para que tivéssemos a oportunidade de demonstrar virtude.[4]

Meu coração ardia. Entendia o zelo de João, bem como o desejo de Olímpia. Nenhum dos dois esteve errado em sua posição, e o equilíbrio de ambos foi necessário para que a economia do Reino fosse vivida na cidade de Constantinopla daquela época.

— As riquezas existem para serem propriamente usadas.[5] Elas têm a utilidade de aliviar os sofrimentos dos pobres, e foi por isso que lutei durante minha vida. No fim, fiz muitos inimigos, homens ávidos por riquezas. Então, fui banido para o exílio no deserto, sofrendo enfermidades até o fim dos meus dias.

Apesar do conteúdo trágico de suas palavras, o semblante de João Crisóstomo se iluminou. Ele sorriu e abriu os braços. Seus olhos brilhavam.

— *Ainda assim*, Olímpia não deixou de me apoiar. Então, também foi exilada, por minha causa. Como me doeu vê-la sofrer por não ter aberto mão de seu coração generoso para comigo. Irmãos, o preço de ter dado abertamente foi alto! O preço de ter dado prudentemente foi alto! Assim é o caminho com Cristo.

Percebi que lágrimas escorriam em meu rosto. Havia tanta intensidade em suas palavras. Pareceu-me claro: seguir a Cristo é um caminho sem volta de sofrer pela justiça. Olímpia, em sua bondade, havia dado liberalmente e indiscriminadamente. João Crisóstomo, em sua integridade, havia dado com sabedoria e prudência. Ambos foram fiéis a Deus no uso de recursos, ainda que de diferentes formas. Por fim, ambos sofreram perseguição por causa da justiça.

Um toque em minhas costas fez dissipar meus pensamentos. Era o Jardineiro, convidando-me a conhecer outras histórias. Fui conduzido para outra ramificação daquela incrível mesa de banquete.

Encontrei-me, então, diante de um ser que sorria para mim, como se estivesse destinado a me encontrar. Fui informado de que seu nome era Gregório, o Grande (540-604). Ele não me pareceu ser tão notável para que fosse chamado de "o Grande". Acredito que o Jardineiro percebeu essa minha impressão, então explicou:

— Foi a humildade de Gregório que o fez ser reconhecido como grande. Ele nasceu em Roma, em uma família nobre e rica, e se tornou prefeito da cidade. Tempos depois, abdicou de tudo para se tornar monge, vivendo em pobreza. Mas também abriu mão disso. Deixou sua vida de reclusão para liderar a Igreja e buscar a justiça e a paz. Assumiu responsabilidades enormes e se tornou um dos grandes líderes de sua época: o papa Gregório I. Como viveu em tempos difíceis, dedicou-se para negociar a paz na guerra entre Roma e Lombardia, apoiar refugiados, pagar resgate por prisioneiros de guerra, comprar e distribuir trigo, reparar aquedutos e administrar terras para ajudar os pobres de Roma.

Admirei muito aquele ser magro, franzino, cujo sorriso humilde quase me fazia desviar o olhar, constrangido. Estava diante de um prefeito de Roma que se tornou monge por não aspirar à grandeza; e do monge que se tornou papa por não aspirar à paz interior sem que outros a tivessem. Vi nele uma referência de transformador, alguém que deu sua vida para mudar as condições da sociedade de seu tempo.

O Jardineiro continuou a falar sobre aquele ilustre ser, e minha admiração crescia a cada palavra.

— Ele lutou pela reforma das leis de propriedade da terra, a fim de proteger fazendeiros da exploração. Também estabeleceu agentes para fiscalizar e administrar terras e executar a justiça. Gregório marcou sua era. Ele se dedicou a fazer o bem às pessoas, dando a vida para mudar a sua realidade.[6]

Gregório ouvia atentamente a tudo o que se dizia a seu respeito. Mas seu semblante humilde não se alterava. Então, com uma simplicidade que eu nunca havia visto, ele abriu a boca.

— Foi muito difícil retornar à vida pública de liderança. Senti-me trazido de volta ao mundo, no qual precisei estar envolvido com tão grandes preocupações terrenas. Eu muito desejei sentar-me aos pés do Senhor com Maria, para absorver as palavras de sua boca; mas fui compelido a servir com Marta nos afazeres externos, para me preocupar e me perturbar com muitas coisas.[7] Foi assim, contudo, que fui levado a governar a Igreja e o mundo em minha época, para de tal forma honrar a Cristo.

Estava fascinado pelo testemunho daquele ser. Ele deixou uma vida simples para assumir responsabilidades, ainda que contra sua vontade, mas entendendo ser esse seu papel no mundo. O Jardineiro também parecia admirá-lo.

— Gregório, o Grande, marcou a história do cristianismo. Usou seu poder e sua influência para administrar justiça aos pobres, como os refugiados de guerra e os mendigos, aos quais distribuía comida regularmente. Ele foi chamado de "cônsul de Deus",[8] mas se autodenominava "servo dos servos de Deus". Foi alguém que definitivamente transformou sua era com visão e humildade.

Seguimos adiante e caminhamos por entre as árvores e jardins que adornavam naturalmente o grande banquete. Vi flores de diferentes cores e formatos; frutas de formas e espécies variadas. A nobre festa era celebrada em harmonia com um ecossistema que reluzia em cores e fartura.

Chegamos a um grande ramo da mesa-árvore. Ali, vi muitos seres em uma roda. Eles pareciam estar se abraçando, mas, quando cheguei perto, percebi que estavam em volta de outro ser. Todos vestiam finas roupas brancas com delicados bordados em ouro.

— Quem são vocês? — perguntei, sem pensar. A pergunta saiu ríspida, e temi perturbá-los naquele momento tão puro.

Eles se viraram com lágrimas no rosto. Um tocou meu braço e me respondeu, suavemente.

— Olá, forasteiro. Somos filhos do Criador. Tivemos muitas aflições em nossa vida. Fomos o que as pessoas chamavam de *leprosos*. Em nosso tempo, era uma doença sem cura. Diziam que não havia nada que pudesse ser feito para que fôssemos aceitos e nos sentíssemos dignos. Mas este homem o fez. Ele deu sua vida por amor a nós e, assim, pudemos conhecer o amor do Criador.

Outro ser da roda confirmou essas palavras.

— Nunca pude agradecer-lhe em vida. Hoje, porém, este banquete é o mais belo momento que poderia haver para isso. Sua abnegação me fez viver, sua compaixão me fez renascer.

Imaginei que estavam falando de Jesus, mas, quando a roda se abriu, vi de quem falavam.

— Obrigado, Francisco — disse o segundo ser, voltando-se ao que estava no centro da roda.

Tratava-se de Francisco de Assis (1182-1226). Há quem diga que ele foi a maior luz que brilhou no mundo depois de Jesus. Ele dedicou sua vida em pobreza voluntária, sendo pregador itinerante e cuidando dos mais necessitados e desprezados dentre os homens. Era magro, com face alongada e olhos bem escuros. Tinha um aspecto simples e exalava um perfume extremamente agradável.

O Jardineiro me explicou por que as pessoas de branco lhe eram tão gratas.

— Francisco de Assis amava profundamente a humildade e, por isso, viveu com os leprosos. Por causa de Deus, ele os serviu com grande amor. Ele limpava a sujeira de seus corpos e tirava o pus de suas feridas.[9] Ele abraçava e beijava aqueles que eram totalmente desprezados.[10] Para Francisco, mais importante do que aliviar a pobreza dos necessitados era imitar a pobreza de Cristo. Era mais imperioso viver em meio aos necessitados e, assim, demonstrar-lhes amor, do que tirar-lhes da pobreza com grandes doações materiais. Ele queria sofrer como Jesus sofreu, e servir ao pobre da mesma forma que Cristo entregou sua vida por nós.

Fiquei impactado com o amor que aquela multidão de pessoas tinha por Francisco. Aqueles que muito sofreram, muito amavam. Entendi o valor dos abnegados que servem os necessitados — muitas vezes sem serem vistos, reconhecidos ou sem proporcionarem transformação social. Um dia, porém, receberão reconhecimento eterno por terem exercido misericórdia.

Muito desejei abraçar Francisco, que reluzia em amor tão puro, mas, antes que pudesse me aproximar dele, o Jardineiro tomou-me pela mão.

— Venha. Você precisa ainda aprender o que é a *verdadeira riqueza*, para que compreenda o que deve buscar durante sua vida na terra.

Enquanto era conduzido a outro ambiente daquela mesa-árvore, prestei mais atenção a ela. Todos os séculos da história pareciam estar comprimidos naquela madeira. Era como se a árvore reluzisse imagens de seres humanos de todas as épocas, desde os primórdios, passando pela Idade Média, até os séculos modernos. Era um filme desenrolando-se diante de meus olhos. Muitos personagens me eram desconhecidos, mas reconheci alguns deles; haviam sido grandes homens e mulheres na história. Ansiei profundamente por ser enriquecido pela sabedoria daqueles que haviam mudado o mundo.

Então, o Jardineiro apontou-me uma cadeira, convidando-me a sentar.

Verdadeira riqueza

homem que vi sentado ao lado da cadeira era curioso, e me transmitia mistério. Ele tinha cabelos levemente ondulados, olhos grandes e costas curvadas. Vestia um casaco escuro e estava sentado sozinho, em meio a toda aquela festa, com um copo nas mãos. Ele parecia estar desfrutando do momento — ou, talvez, refletindo profundamente.

— Posso me assentar aqui? — perguntei, desejando fazer companhia àquele ser intrigante.

— Claro. O que lhe traz aqui, forasteiro?

— Estimado amigo, foi-me dito que encontraria aqui a verdadeira riqueza, e então saberia o que deveria buscar na vida.

Ele tomou mais alguns goles de seu copo e sorriu discretamente com o canto da boca. Parecia que sabia exatamente o que me responder, como se visse minha vida de frente para trás.[1]

— Há duas formas de riqueza, forasteiro: as riquezas deste mundo e as *verdadeiras riquezas*.[2] Viva pelas que são verdadeiras, que se formam no profundo do coração.

— Mas o que são essas verdadeiras riquezas? — perguntei.

— Sabemos que são verdadeiras porque são superiores ao que é terreno. Elas são espirituais e não materiais; são eternas e não transitórias; vêm de Deus e não do homem.

Esta é a riqueza que devemos acumular: a capacidade de praticar o bem, pois Deus recompensará a cada um pelo bem que praticar.[3]

— Explique-me então, meu amigo, como faço para acumular essa verdadeira riqueza, pois me parece valer a pena dedicar a vida por ela!

Ele se ajeitou em sua cadeira.

— *A verdadeira riqueza é poder ser misericordioso*. A riqueza material é um campo de possibilidades. Quanto mais alguém tem, mais pode. Porém, no cristianismo, a misericórida — e não a riqueza material — é o grande campo de possibilidades. Quanto mais misericórdia alguém tem no coração, independentemente de sua condição material, mais pode nas mãos de Deus. Ter misericórdia não depende de possuir muitos recursos. Mesmo que alguém não tenha nada de valor material, ainda pode ser generoso. Por isso, demonstrar misericórdia é uma perfeição muito maior do que possuir dinheiro e, consequentemente, poder dá-lo.[4]

Reflecti sobre aquelas palavras que abriam outro universo em minha mente. No fim das contas, mais importante do que ser rico ou pobre, doador ou abnegado, contente ou inconformado, é ser verdadeiramente misericordioso.

— Mas de que adianta ter misericórdia no coração sem condição e capacidade de transformar a vida de alguém? — eu quis saber.

— Lembra-se da parábola do bom samaritano? Pois bem. Imagine se ele tivesse passado pelo homem ferido na estrada, mas não possuísse dinheiro. Como seria a história? Ele rasga sua própria roupa para estancar as feridas do homem e o leva para o albergue mais próximo, carregando-o nos ombros. Ele suplica ao dono do albergue que tenha compaixão e receba o homem, para que não morra. No entanto, ambos são brutalmente enxotados, pois o dono não aceita recebê-lo de graça. Fecham-se as portas do albergue, ficando os dois do lado de fora. Por fim, o homem ferido suspira e morre nos braços do samaritano.

Fiquei impressionado com a alternativa. A conclusão me parecia óbvia, mas ele fez questão de enfatizá-la:

"Será que, nesta versão, o bom samaritano também não demonstrou compaixão? Ainda que o homem ferido tenha morrido, ele o amou. Apesar de nada poder dar nada de valor material, ele *deu misericórdia*.[5]

"Na eternidade, o dinheiro não tem valor, pois inexiste. Imagine um homem rico sendo questionado às portas do céu: 'Você exerceu misericórdia?' Ele, por sua vez, responderia: 'Sempre dei o dízimo e ofertas e doei um bilhão de reais aos pobres'. Mas ele não percebe que, na eternidade, o valor monetário não faz sentido. Por isso, pouco valerá contar porcentagens e quantidades."

"A pergunta, então, retornaria para ele, ainda mais forte: 'Mas você exerceu misericórdia?'[6] Como este homem rico poderá responder se não entendeu o que era a *verdadeira riqueza*? Misericórdia depende do coração. Pode-se dar uma fortuna e não valer nada; pode-se dar uma migalha e ser a atitude de maior bondade já vista."

Então entendi claramente. Riqueza, pobreza, dar ou não dar: tudo isso é insignificante se o coração não for misericordioso. Se não fizermos por bondade, de pouco valerá compartilhar nossas riquezas. Mas, se acumularmos a verdadeira riqueza de poder ser misericordioso, nossa doação generosa jamais será em vão!

O homem afastou o copo com a mão, dando a entender que estava concluindo sua linha de raciocínio.

— Quem quer seguir a Cristo deve buscar praticar o bem e ser generoso, pois, dessa forma, acumulará para si mesmo um tesouro na *era que há de vir*.[7] A generosa misericórdia é uma das moedas da economia do Reino. Ela será um tesouro que durará para sempre, permanecendo muito além do que se pode comprar ou obter. Essa é uma das *verdadeiras riquezas*, e não tê-la seria uma miséria maior do que qualquer miséria terrena.

Eu estava fascinado com a profundidade de seus argumentos. Deixei-me levar pela conversa, aproveitando o tempo que estava lá, ciente que as horas não passavam naquele lugar. Quando me dei conta, no entanto, percebi que não havia nem perguntado o seu nome. Fiz questão de saber quem era aquele pensador tão distinto.

— Desculpe-me. Não perguntei seu nome.

— Chamo-me Søren. Muito prazer.

Descobri que não estava conversando apenas com um ser intrigante. Tratava-se de Søren Kierkegaard (1813-1855), filósofo dinamarquês cristão renomado, apesar de pouco reconhecido enquanto viveu. Senti-me como criança ao lado daquela mente inspiradora.

Foi quando notei que havia alguém do meu lado esquerdo, que estivera nos ouvindo por todo o tempo. Era uma mulher de quem já havia escutado muitas histórias. Tratava-se de Florence Nightingale (1820-1910). Eu a cumprimentei e disse que a admirava muito por tudo que havia feito. Ela sorriu discretamente. Mal deixei-a falar, pois tinha muitas perguntas que borbulhavam em mim.

— Entendi que a verdadeira riqueza é ser caridoso diante da necessidade. Mas o que fazer diante da injustiça no mundo? O que posso fazer para mudar a triste realidade de tantas pessoas?

Søren ofereceu à Florence a chance de responder àquela pergunta, mas ela disse, rindo.

— Pode ir em frente, você que é o filósofo aqui!

Então, ele prosseguiu.

— A igualdade que se instaura quando o poderoso desce e o pobre sobe não é cristã, é mundana. A simples transferência de recursos de ricos para pobres não representa o cristianismo, pois ele está firmado em valores eternos. A igualdade cristã está na equidade, no conceito de considerar todos iguais perante Deus. Amar ao próximo traz a equidade, que é o que supera a diversidade da vida terrena.[8] Assim, ainda que haja diversidade entre nós, equidade é considerar que todos estão igualmente nus diante de Deus.

Olhei para Florence e ela estava olhando para Søren, assim como eu, admirada. Devolvi a pergunta para ela.

— O que você acha, Florence, que devemos fazer diante da injustiça e do sofrimento no mundo?

— Olha, sendo bem pragmática, eu atribuo todo o sucesso do meu trabalho a isto: nunca aceitei nem dei desculpa para nada.

Eu vi uma enxurrada de imagens de sua história enquanto ela falava. Vi aquela mulher diante de reis e generais, enfrentando-os e lutando pelo direito de soldados feridos na guerra e de miseráveis nas cidades inglesas do século 19. Vi Florence se tornando o que muitos consideram "a maior enfermeira da história", revolucionando os métodos hospitalares, fundando escolas de enfermagem e tornando-se uma referência mundial na área de saúde em sua época.

— Deus me chamou no dia 7 de fevereiro de 1837 para servi-lo. Eu tinha apenas 17 anos. Com o tempo, após muitos estudos, dediquei minha vida para cuidar de pessoas. Lembro-me de quando fui à Crimeia para ser superintendente do hospital militar no meio da guerra. Fui a primeira mulher a ocupar tal posição. Eu ouvi a voz de Deus e segui o caminho. Foi apenas assim que pude fazer algo diante da injustiça do mundo.

— Conte-me mais, Florence. O que você fez na Crimeia?

— Quando cheguei ao hospital, havia ratos na cozinha, vermes nos dormitórios, sujeira, falta de água e de equipamentos médicos. Lutei para dar àqueles feridos dignidade e mudei as regras do hospital. Dei minha vida por eles, assim como os soldados davam a vida pelo país. Solicitei mudanças em leis, como em uma carta que escrevi à minha amiga rainha Vitória, pedindo para não cortar o salário dos soldados recuperados, pois muitos se tornavam deficientes por conta da guerra.

Ela me contou várias histórias, que ficamos ouvindo com fascinação. Aquela mulher havia certamente deixado sua marca no mundo. A própria criação da Cruz Vermelha, por Henry Dunant, em 1862, foi amplamente inspirada em seu trabalho.

Por fim, ela olhou para mim e expressou abertamente seus pensamentos.

— Quão pouco fazemos sob o espírito de medo. Não perca oportunidades de começar algo na prática, por menor que seja, pois é maravilhoso como a semente de mostarda germina e cresce com frequência. É melhor morrer surfando as ondas, anunciando o caminho para um novo mundo, do que ficar parado na praia. Este é o caminho, esta é a verdadeira riqueza da vida: *a equidade do amar ao próximo como a si mesmo.*

— Glória a Deus! — expressou um homem à nossa frente. Ele era branco, esguio, de barba grisalha e cabeça calva. Estava muito entusiasmado com as palavras que havia ouvido, e cumprimentou a cada um de nós com um forte abraço. Seu nome era Andrew Murray (1828-1917). Ele havia liderado um avivamento que agitou a África do Sul na década de 1860. Seu país foi profundamente impactado por Deus, com centenas de escolas sendo fundadas e prisões sendo esvaziadas. A presença de Deus atraía milhares à conversão.

Depois de contar um pouco de sua história e como havia chegado até ali, Andrew abriu seu coração, assim como fazia em suas calorosas pregações.

— O fruto do Espírito é o amor. Nada, a não ser o amor, pode expelir e conquistar nosso egoísmo. Será que, quanto mais temos de Deus, mais amamos? Ah, se isso fosse verdade na Igreja de Cristo, quão diferente ela seria! Nós nos esforçamos muito para amar. Não digo que isso seja ruim; é melhor que nada. Mas o fim desse esforço é sempre muito triste. "Eu falho continuamente", acabamos confessando. E qual a razão? É simples: precisamos aprender que é o Espírito Santo quem derrama o amor de Deus em nossos corações![9]

Fiquei tocado com suas palavras e perguntei.

— Eu sempre me esforcei para não falhar com Deus, mas sinto que falho continuamente. Como posso fazer para receber desse amor?

— Meu querido irmão, tudo depende de estarmos em Cristo. Ele é a videira e nós somos os ramos. Que coisa simples é ser um ramo, o ramo de uma videira! O ramo cresce na videira, e aí vive até que, no devido tempo, produz frutos. Não tem responsabilidade, exceto a de receber, da raiz e da haste, seiva e nutrição. O ramo tem absoluta dependência da videira. E é exatamente isso que Cristo quer que entendamos: se você é algo, então Deus não é tudo; mas, quando você se torna nada, Deus pode ser tudo![10]

Naquele momento, seus olhos fitaram diretamente em mim, sentado entre outros que o ouviam comigo naquela parte da mesa.

— *A verdadeira riqueza vem da interioridade.* Aquele que tem rios de água viva fluindo do seu interior[11] certamente terá os nutrientes necessários para dar frutos abundantes. Cristo disse: "Se alguém permanecer em mim e eu nele, esse dará muito fruto; pois sem mim vocês não podem fazer coisa alguma".[12] O ramo é dependente da seiva da videira. A bondade é dependente da fonte divina. Bondade sem Cristo pode ser egoísmo; relevância sem Cristo pode ser irrelevância. Mas, se dependemos de Cristo em tudo, seremos verdadeiramente ricos!

Suas palavras me soaram como uma bela exortação. De nada valeria ser bondoso e relevante se isso viesse apenas de mim. Aqueles que conhecem a fonte do amor podem beber dela e serão saciados generosamente. Assim, poderão oferecer aos que sofrem neste mundo uma água que não provém deles. Não existe bem interior que possua raiz própria. A verdadeira riqueza vem da interioridade proveniente do Espírito de Deus.

Olhei em volta e vi muitos seres atentos àquela interessante conversação. Um deles, no canto da mesa, era um senhor de longa barba branca. Seu rosto me parecia familiar. Vestia um manto longo e respirava com lentidão, com os olhos semicerrados. Apesar de eu estar completamente absorvido por aquela conversa, tive a impressão de que aquele senhor teria coisas a me falar que eu precisava ouvir.

Fui até ele e sentei-me à sua frente.

— Por que você veio aqui, forasteiro? — ele perguntou, com o olhar distante.

— Estou buscando saber o que é a verdadeira riqueza.

Ele fechou os olhos e suspirou longamente. Parecia estar refletindo sobre uma vida inteira de profundos e complexos questionamentos. Suas palavras, no entanto, foram simples e diretas.

— *A verdadeira riqueza é ser pobre de espírito.* É verdadeiramente rico quem reconhece o quanto depende de Deus.

— Como você chegou a essa conclusão? — perguntei, intrigado.

— Em minha juventude fui considerado um artista e poeta notável. Ganhei muito dinheiro. Desfrutei de comidas excelentes, hotéis, mulheres e da sociedade. Eu era famoso.[13]

Naquele momento, entendi por que seu rosto me parecia familiar. Eu estava diante de Liev Tolstói (1828-1910), famoso escritor russo que impactou a muitos com seus livros e ideias.[14] Ele pareceu esperar que eu me acomodasse à descoberta que havia feito, para, então, continuar a falar.

— Com o tempo, quanto mais sucesso obtinha, menos sentido encontrava na vida. Busquei a resposta para minhas perguntas por um bom tempo, como um homem morrendo e precisando de salvação. Mas não encontrei nada.[15]

Ele continuava a olhar para longe, como se pudesse rever os fatos que pescava em sua memória.

— Eu busquei em todos os lugares; ouvi doutores de vários campos do conhecimento. Mas sempre deparava com a pergunta que havia me levado à beira do suicídio: há algum sentido em minha vida que não seja destruído pela inevitável morte que se aproxima?[16] Eu me sentia perdido numa floresta de questionamentos. Decidi, então, me abrir para a religião. Estudei textos do budismo, islamismo e, mais do que nunca, do cristianismo praticado por aqueles à minha volta. Conversei com teólogos e líderes da Igreja. Todavia, quanto mais ouvia seus ensinamentos, mais claramente enxergava seus erros. Como eu, aqueles fiéis viviam uma vida abundante; como eu, buscavam aumentar e preservar suas riquezas e tinham medo da privação, do sofrimento e da morte. Nenhum de seus argumentos me fazia crer em um sentido na vida que eliminasse o medo da pobreza, doença e morte que me assombrava.[17]

Neste momento, Tolstói virou seu rosto e fitou meus olhos.

— Então, me aproximei dos fiéis que eram pobres e simples; não mais dos sábios, monges e ricos fazendeiros. Comecei a examinar seu estilo de vida e seus ensinamentos. Depois de alguns anos vivendo em meio a eles, fui convencido de que sua fé era a verdadeira. Ela dava-lhes sentido e possibilidade na vida. Ao contrário das pessoas de minha classe, que gastavam a vida em ociosidade, entretenimento e insatisfação, aquelas pessoas viviam seus dias em trabalho pesado. Porém, eram menos insatisfeitas do que nós, os ricos. Elas suportavam doenças e tribulações sem questionamentos ou resistência, mas em paz.[18]

Eu sorvia aquelas palavras quase sem respirar, não querendo profanar a solenidade do momento. Tolstói prosseguiu, olhos fixos nos meus.

— Eu entendi o sentido da vida com aqueles trabalhadores. Eles criam que todo ser humano havia vindo ao mundo pela vontade de Deus. E que Deus nos criou para andarmos em seu caminho, trabalhando, sofrendo, sendo bondosos e humildes. Este sentido era claro para mim e valioso a meu coração.[19] Assim, renunciei o estilo intelectual e luxuoso em que vivia, e me entreguei totalmente a Deus. Havia encontrado a verdadeira riqueza na dependência dele.

Estava fascinado com o testemunho daquele ser tão conhecido por sua intelectualidade, mas tão quebrantado em sua busca por Deus.

— Portanto, esta é a lição, forasteiro: o Reino dos céus é dos pobres de espírito. Seja o que for que você viver, será verdadeiramente rico apenas quando entender que é pobre sem Deus.

Por fim, havia encontrado as respostas para meus questionamentos. Independentemente de viver em riqueza ou pobreza, em abundância ou abnegação, de dar com generosidade ou moderação, de transformar a realidade ou servir ao próximo, havia algo que deveria sempre buscar: a *verdadeira riqueza*. Aprendi, naqueles encontros, que ser verdadeiramente rico era possuir a capacidade de ser misericordioso, buscar a equidade no amar o próximo, aprofundar-se na interioridade proveniente do Espírito Santo e quebrantar-se sendo pobre de espírito. Se buscasse tais

coisas, seria um cidadão do Reino e acumularia uma riqueza incorruptí-
vel e eterna.

Somos todos chamados a acumular a *verdadeira riqueza*. Quanto mais
temos misericórdia em nós, mais podemos no Reino de Deus; quanto mais
amamos o próximo como a nós mesmos, mais equidade promovemos;
quanto mais buscamos o Espírito Santo, mais frutos damos; e, quanto
mais reconhecemos nossa pobreza de espírito, mais enriquecidos somos
por Cristo.

Então, descansei. Estava livre da culpa de ter, do medo de nunca ter e
da ansiedade de sempre ter. Foi quando eu a vi, bela e frondosa no centro
do Jardim.

O Princípio e o Fim

i a essência do Reino eterno de Deus em uma árvore enorme com ramificações intermináveis. Estava diante do tronco principal daquela grande mesa-árvore do banquete. Era a Árvore da Vida. Sua beleza era indescritível; ela carregava em si a história de toda a humanidade, como se incluísse em si codificados todos os escritos, genes e átomos do universo. Olhei para cima, e vi milhares de seres colhendo seus frutos e guardando-os em cestos flutuantes. Faziam isso para servir os convivas do banquete.

O Jardineiro chorou. Eu o vi tão plenamente feliz.

— Chegou o momento — ele disse.

Enquanto eu tentava entender o que se passava, vi de dentro de uma explosão de cores surgirem milhares e milhares de cavalos, cavalgando no tempo e no espaço. Ouvi um som estrondoso, como de uma enorme catarata jorrando água nas pedras, proclamando as seguintes palavras:

— Eis o Rei dos reis, o Senhor dos senhores![1]

Retornamos ao momento que tinha apenas vislumbrado anteriormente: o anúncio do Noivo da festa. Meu corpo foi impelido a se prostrar diante do Cavaleiro. Não vi seu rosto, mas senti a mesma presença de poder e amor que havia sentido tão intensamente outras vezes em minha vida. Comecei a chorar de alegria e imenso temor, desfrutando daquele momento inacreditável.

Olhei ao meu redor, e vi todos os seres que havia conhecido no banquete, prostrados como eu, com o rosto no chão. Clemente, Cipriano, Basílio e Ambrósio estavam lá, ao meu lado, adorando em reverência. Olímpia, João Crisóstomo, Gregório e Francisco e todos os que haviam sido leprosos choravam copiosamente, brilhando de alegria. Vi também Søren Kierkegaard, Florence Nightingale, Andrew Murray e Liev Tolstói ajoelhados e com imensa expectativa pela chegada do Noivo.

Então, olhei e vi uma multidão incontável de seres, de todos os tipos e culturas, todos prostrados diante dele. Parecia que minha mente iria explodir com tanta informação ao mesmo tempo: um trono brilhando com cores infinitas, uma música triunfal e toda aquela multidão junta, adorando-o. Risos de alegria enchiam o ar, e a presença dele aquecia todo o ambiente, como o próprio sol em nosso planeta.

Prostrei-me diante do Criador de todas as coisas, o Princípio e o Fim. Estava de olhos fechados, quando ouvi estas palavras:

— Escreva. Farei de você um arauto para as nações. Fiz as pessoas diferentes para que precisem umas das outras. Quando descobrirem isso, aprenderão a ser como eu sou. Não sou completo sozinho; sou Um com o Pai e com o Espírito. Da mesma forma deve ser entre vocês.

Com a face no chão, sem suportar a intensidade daquela emoção, permaneci prostrado por um longo período, ainda que não tivesse como calcular ou registrar o tempo. Aquelas palavras me tocaram por sua singeleza. Senti uma profunda paz, pois havia encontrado o meu lar.

Depois de muito tempo, senti-me sendo transportado para outro lugar, até que o movimento cessou. Voltei àquele mesmo lugar em que tudo começou, no jardim com um doce cheiro suave de flores silvestres. Um sentimento de completude repousou sobre mim.

Estava de olhos fechados, permitindo-me absorver tudo que havia ouvido e sentido. Percebi a presença do Jardineiro, meu fiel companheiro de viagem, ao meu lado. Ele ficou ali, parado, por um bom tempo, sentindo comigo a brisa do campo. Então se pôs a falar:

— Ele é o Princípio e o Fim de toda riqueza e pobreza. Ele é o Senhor de todos, tanto de ricos como de pobres, de doadores e de abnegados, de transformadores e de moderados. Ele é quem distribui os dons aos homens porque é de sua essência que fluem todos os dons. Nele convergem tudo e todos, pois é a Cabeça do Corpo. Apenas ele é totalmente rico e generoso e totalmente pobre e abnegado. Apenas ele é totalmente moderado e totalmente transformador em suas ações.

"*Cristo é doador.* O Cordeiro de Deus é digno de toda riqueza e glória;[2] a ele pertencem toda prata e ouro.[3] Ele *se fez* pobre, mas sua condição que antecede e sucede à encarnação é de poder, glória e riqueza. Em sua generosidade, escolheu partilhar sua herança conosco, de modo que fomos feitos filhos de Deus e coerdeiros de Cristo.[4] Ele sabe o que é ser pobre, pois se fez homem; mas sabe o que é ser rico, pois é dono de tudo.

"Ele é o Rei dos reis, e reinará em uma cidade adornada de joias preciosas.[5] Ele prepara um grande banquete para seu povo, no qual lhe dará vestes brilhantes,[6] e partilhará de sua generosidade. Ele ensina que há maior felicidade em dar do que receber,[7] pois quem dá se torna participante da essência de Deus. Dele é toda riqueza, e nele não há mesquinhez. Ele sabe o que é ser doador.

"*Cristo também* é *moderado.* O Ancião de Dias não é desequilibrado ou extremista. Ele pagava impostos aos governantes,[8] ainda que vivesse sob a opressão do cruel Império Romano. Apesar de ter sido acusado de subverter a nação,[9] não se levantou contra o sistema político vigente. Ele mudou a história da humanidade sem comprar briga com os poderosos de sua época.

"Ele disse que os pobres são felizes, pois deles é o Reino dos céus,[10] mas não exigiu que todos se tornassem pobres. Tampouco esperava que a pobreza fosse exterminada da terra, pois também afirmou que sempre haveria pobres entre nós, mas nem sempre seria preciso dar-lhes esmolas.[11] Ele tratou a riqueza com o mesmo equilíbrio, dizendo ser difícil para um rico entrar no Reino de Deus; porém, ao mesmo tempo, recebeu ricos como José de Arimateia e Zaqueu.

"Ele condenou o poder opressor, mas afirmou que nunca encontrou tanta fé como a demonstrada por um centurião romano.[12] Ele conviveu na casa de ricos e de pobres, de nobres e de ladrões, de mulheres íntegras e de prostitutas. Cristo sabe o que é viver em riqueza ou em pobreza. Sabe o que é viver com integridade em um contexto de opressão. Sabe quando dar e quando não dar. Ele sabe o que é ser moderado.

"Além disso, *Cristo é transformador.* O Messias veio ao mundo com o propósito de anunciar as boas-novas aos pobres, liberdade aos presos, vista aos cegos e a graça de Deus a todos.[13] Ele "encheu de boas coisas o faminto, mas despediu de mãos vazias os ricos".[14] Cristo se posicionou contra a injustiça social, contra a discriminação de classes menos favorecidas, contra o abuso de poderosos. Ele comprou a briga de crianças, prostitutas e ladrões, e os amava como a iguais.

"Ele não veio para os saudáveis, mas para os doentes e desprezados.[15] Veio anunciar um novo Reino composto por famintos e sedentos de justiça.[16] Cristo também mudou a percepção do homem sobre *o próximo*: devemos amar todos, e não apenas os que merecem nosso amor. Ele elevou o conceito de justiça social ao se colocar no mesmo patamar do mendigo, refugiado, doente ou preso.[17] E mais: irá basear o julgamento de toda humanidade no que foi feito para cuidar de pessoas nessas condições.

"Ele teve compaixão do povo, curou seus doentes e cuidou para que não passassem fome.[18] Ele trouxe esperança para os aflitos. Sua postura impactou o mundo da época e continua a impactá-lo por meio de seus discípulos. Ele sabe o que é ser transformador.

"Por fim, *Cristo também* é *abnegado*. O Nazareno nasceu em uma manjedoura,[19] humilhou-se a si mesmo e voluntariamente morreu, sem roupa em uma cruz.[20] Isaías diz que ele foi desprezado e rejeitado pelos homens, um homem de dores e experimentado em sofrimento.[21] Por isso, Cristo pode se compadecer de nossas fraquezas, pois ele mesmo passou por todo tipo de dificuldade.[22]

"Durante sua vida, sofreu por abrir mão de estabilidade e conforto; em seu sofrimento, suplicava a Deus em alta voz e com lágrimas.[23] Ele resignou tudo o que tinha por amor. Abdicou de bens terrenos e do *status* de ser soberano nos céus para sofrer na terra. Ainda hoje, Cristo se coloca na pele do faminto e sedento e sofre com cada um deles.[24] Não há maior amor do que o de Cristo, que *sendo rico, se fez pobre*, para que, por meio de sua pobreza, nos tornássemos ricos.[25] Não há como negar, ele sabe o que é ser abnegado.

"Meu caro amigo forasteiro, aprenda com ele, e nele encontrará as respostas para suas perguntas."

Ele então se silenciou e se foi, deixando-me só. Ouvia apenas o som do vento nas folhas. Naquele silêncio puro, sob um leve calor de primavera, refleti naquelas palavras sobre Cristo.

Aquele que fez a humanidade se tornou humano. Embora fosse rico, assumiu um corpo humano no ventre de uma virgem. Nasceu vulnerável como um bebê; foi envolto com panos em uma manjedoura. Ele pacientemente esperou durante as fases naturais da vida. Ele, que fez todas as estações, suportou-as todas pacientemente. Embora estivesse em uma manjedoura, sustentava o mundo; enquanto mamava, era adorado por reis. Tamanha riqueza e tamanha pobreza![26]

Nenhum homem atingiu a perfeição, pois nunca houve alguém que não tenha pecado, a não ser Cristo. Somos chamados a viver em comunidade, e nos apresentaremos a ele como uma noiva imaculada. Assim, é preciso uma mudança em nossa consciência de igreja quanto à riqueza e pobreza. Uns são ricos, outros pobres; uns são transformadores, outros moderados; uns são doadores, outros precisam de doação. Não fomos feitos diferentes para divergir, mas para convergir, e para exercer o dom que recebemos a fim de servirmos uns aos outros.[27]

Individualmente, somos apenas fragmentos da figura de Cristo; refletimos parte de sua beleza por meio de quem somos e do que fazemos. Mas unidos, compomos a economia do Reino, um conjunto de valores revelados por seus embaixadores na terra.

Já se passam os dias de conflito dentro da igreja quanto a diferentes visões econômicas e sociais. Eis que surge um novo caminho de unidade. Podemos ser diferentes em muitas formas, porém, juntos, nos parecemos mais com Cristo. Que *doadores* contribuam generosamente, que *moderados* administrem com zelo, que *transformadores* mostrem misericórdia e que *abnegados* sirvam com a força que Deus provê. E que todos reflitam o amor de Deus através da unidade nessa magnífica economia do Reino. Assim, seremos uma noiva mais parecida com ele, unindo a riqueza e a pobreza sob a bandeira do amor.

Notas

DE VOLTA AO GRANDE BANQUETE

[1] WENDY, Mayer. "Constantinopolitan Women in Chrysostom's Circle", p. 286. Disponível em: <www.jstor.org/stable/1584592>. Acesso em: 30 out. 2019.

2 HALL, 1998, p. 55.

3 HALL, 1998, p. 56.

4 João Crisóstomo. *Homilies on the Gospel of Matthew*, citado por RHEE, 2017, p. 96.

5 RHEE, 2017, p. 92.

6 "St. Gregory the Great". Disponível em: <www.britannica.com/biography/St-Gregory-the-Great#ref241963>. Acesso em: 31 out. 2019.

7 HALL, 1998, p. 144.

8 SHELLEY, 2004, p. 191.

9 WOLF, Kenneth Baxter. *The Poverty of Riches:* St. Francis of Assisi Reconsidered. New York: Oxford University Press, 2003, p. 9.

10 SHELLEY, 2004, p. 236.

VERDADEIRA RIQUEZA

1 RATCLIFFE, Susan (org.). *Oxford Essential Quotations*. 4 ed. New York: Oxford University Press, 2016. Nas palavras de Søren Kierkegaard, "A vida deve ser compreendida olhando para trás, mas deve ser vivida olhando para frente".

2 Lucas 16:11.

3 Efésios 6:8.

4 KIERKEGAARD, 2013, p. 357.

5 KIERKEGAARD, 2013, p. 358.

6 KIERKEGAARD, 2013, p. 358.

7 1Timóteo 6:18-19.

8 As frases neste parágrafo foram retiradas de Kierkegaard, 2013, p. 94.

9 MURRAY, Andrew. *Absolute Surrender*. Chicago: Moody Press, 1895, p. 15.

10 MURRAY, 1985, p. 76.

11 João 7:38.

12 João 5:6.

13 TOLSTÓI, Liev. *Confession*. New York: W.W. Norton & Company, 1983, p. 19. Disponível em: <www.arvindguptatoys.com/arvindgupta/confessions-tolstoy.pdf>. Acesso em: 31 out. 2019.

14 Tolstói foi um dos principais influenciadores de Mahatma Gandhi ao argumentar pelo conceito de resistência não violenta.

15 TOLSTÓI, 1983, p. 33.

16 TOLSTÓI, 1983, p. 35.

17 TOLSTÓI, 1983, p. 65.

18 TOLSTÓI, 1983, p. 67.

19 TOLSTÓI, 1983, p. 77.

O PRINCÍPIO E FIM

1 Apocalipse 19:16.

2 Apocalipse 5:12.

3 Ageu 2:8.

4 Romanos 8:17.

5 Apocalipse. 21:10-11.

6 Apocalipse. 19:7-9.

7 Atos 20:35.

8 Mateus 17:27.

9 Lucas 23:1-4.

10 Lucas 6:20.

11 Marcos 14.7.

12 Mateus 8:10.

13 Lucas 4:17-21.

14 Lucas 1:53.

15 Mateus 9:12.

16 Mateus 5:6.

17 Mateus 25:34-40.

18 Mateus 14:14-16.

19 Lucas 2:12.

20 João 19:23.

21 Isaías 53:3.

22 Hebreus 4:15.

23 Hebreus 5:7.

24 O monge Salviano (400-490) relata a importância de encontrar Cristo no serviço aos pobres. Ele usa Mateus 25:34-36 para enfatizar a necessidade de Cristo: "Toda pessoa necessitada precisa de ajuda apenas para si mesma, mas Cristo clama universalmente por todos os pobres" (Salviano. *The Writings of Salvian, The Presbyter*. New York: CIMA, 1947, p. 361).

25 2Coríntios 2:9.

26 Este parágrafo foi inspirado no sermão 239 de Agostinho, *Sobre a Ressurreição de Cristo*, citado por RHEE, 2017, p. 140.

27 1Pedro 4:10.

Referências

ALEXANDRIA, Clemente de. *Who is the Rich Man that Shall be Saved?* Disponível em <ww.ccel.org/ccel/schaff/anf02.vi.v.html>. Acesso em: 24 mar. 2021.

ARMSTRONG, Aaron. *O fim da pobreza:* O evangelho, a nova criação e a necessidade de um salvador. São Paulo: Vida Nova, 2015.

BADR, Habib. *Christianity*: A History in the Middle East. Beirut: Middle East Council of Churches, 2005.

BALLOR, Jordan J. *John Chrysostom:* On Wealth and Poverty. Parts 1-3. Disponível em: <blog.acton.org/archives/1788-john-chrysostom-on-wealth-and-poverty-part-1.html>. Acesso em: 24 mar.2021.

BAILEY, Lisa. Chapter 12: Preaching in Fifth Century Gaul. Em: DUPONT, Anthony; BOODTS, Shari; PARTOENS, Gert; LEEMANS, Johan (orgs.). *Preaching in the Patristic Era*: Sermons, Preachers, Audiences in the Latin West. Leiden: Brill, 2018.

BELL, James Stuart; Dawson, Anthony Palmer. *Da Biblioteca de C.S. Lewis:* Uma seleção de escritores que influenciaram a sua jornada espiritual. São Paulo: Mundo Cristão, 2006.

BLOMBERG, Craig. *Neither Poverty, Nor Riches*. Downers Grove: IVP, 1999.

BOVON, François. El *Evangelio Según San Lucas: Lc 9,51-14,35*. Vol. 2. Salamanca: Sigueme, 2002.

CHATELLIER, Louis. *The Europe of the Devout*: The Catholic Reformation and the Formation of a New Society. Cambridge, Cambridge University Press: 1989.

CLAPSIS, Emmanuel. *Wealth and Poverty in Christian Tradition*. Disponível em: <iocc.org/orthodoxdiakonia/content/revclapsis.pdf>. Acesso em: 24 mar. 2021.

CLARK, Elizabeth A. *History, Theory, Text:* Historians and the Linguistic Turn. Cambridge: Harvard University Press, 2004.

CLOUSE, Robert G. *Wealth and Poverty:* Four Christian Views of Economics. Downers Grove: IVP, 1984. Disponível em: <www.garynorth.com/NorthDebate.pdf>. Acesso em: 24 mar. 2021.

CORBETT, Steve e Fikkert, Brian. *When Helping Hurts.* Chicago: Moody, 2014.

CRISÓSTOMO, João. *St. John Chrysostom on Wealth and Poverty.* Crestwood: St. Vladimir's Seminary Press, 1984.

_____. *Homily given by St. John Chrysostom on the day that he was ordained priest.* Disponível em: <www.tertullian.org/fathers/chrysostom_first_sermon.htm>. Acesso em: 24 mar. 2021.

DAS, Rupen. *Compassion and the Mission of God*: Revealing the Invisible Kingdom. Carlisle: Langham Global Library, 2016.

DOUGLAS, J. D. *O novo dicionário da Bíblia.* São Paulo: Vida Nova, 1962.

DWIGHT, Sereno. *The Works of Jonathan Edwards. Christian Charity*: The Duty of Charity to the Poor, Explained and Enforced. Carlisle: Banner of Truth Trust, 1998.

EDWARDS, Jonathan. *Charity and Its Fruits.* Disponível em: <www.hisone-life.com/uploads/4/9/8/6/4986072/edwards_-_charity_and_its_fruits.pdf>. Acesso em: 24 mar. 2021.

_____. *Christian Charity or The Duty of Charity to the Poor, Explained and Enforced.* Disponível em: <www.biblebb.com/files/edwards/charity.htm>. Acesso em: 24 mar. 2021.

_____. *Sermons and Discourses: 1723-1729.* Vol. 14. Ed. digital. London: Yale University Press, 1997.

ELIOT, T. S. *The Idea of a Christian Society.* Disponível em: <www.questia.com/read/24704972/the-idea-of-a-christian-society>. Acesso em: 24 mar. 2021.

ESV Study Bible. Crossway: Wheaton, 2008.

ESPÍN, Orlando O. e NICKOLOFF, James B. *An Introductory Dictionary of Theology and Religious Studies.* Collegeville: Liturgical Press, 2007.

ESSER, H. H. *Dicionário internacional de teologia do Novo Testamento*. São Paulo: Vida Nova, 2000.

FERREIRA, Franklin. *A Igreja cristã na história:* Das origens aos dias atuais. São Paulo: Vida Nova, 2013.

FITZGERALD, Brian Ephrem. *St. John Chrysostom on Wealth and Poverty*. A Thematic Study of St. John Chrysostom's Sermons on Luke 16:19-31. Disponível em: <www.st-philip.net/files/Fitzgerald%20Patristic%20 series/John-Chrysostom_wealth_and_virtue.pdf>. Acesso em: 24 mar. 2021.

FOSTER, Richard. *Celebração da disciplina*: O caminho do crescimento espiritual. São Paulo: Vida, 2002.

_____. *A liberdade da simplicidade*: Encontrando harmonia num mundo complexo. São Paulo: Vida, 2008.

FRANKS, Christopher A. *He Became Poor*: The Poverty of Christ and Aquinas's Economic Teachings. Grand Rapids: Eerdmans, 2009.

FRESTON, Paul. *Religião e política, sim. Igreja e estado, não*. Viçosa: Ultimato, 2006.

FRIESEN, Stephen J. "Injustice or God's Will". Em: Holman, Susan R. *The Hungry are Dying*: Beggars and Bishops in Roman Cappadocia. New York: Oxford University Press, 2001.

GOMES, Cirilo Folch. *Antologia dos Santos Padres:* Páginas seletas dos antigos escritores eclesiásticos. São Paulo: Paulinas, 1979.

HALL, Christopher A. *Lendo as Escrituras com os Pais da Igreja*. Viçosa: Ultimato, 1998.

HARARI, Yuval Noah. 21 *Lessons for the 21st Century*. New York: Spiegel & Grau, 2018.

HAUERWAS, Stanley e WELLS, Samuel. *The Blackwell Companion to Christian Ethics*. Disponível em: <www.blackwellreference.com/subscriber/book.html?id=g9781405150514_9781405150514>. Acesso em: 24 mar. 2021.

HOLMAN, Susan R. *The Hungry are Dying:* Beggars and Bishops in Roman Cappadocia. New York: Oxford University Press, 2001.

_____ (org.). *Wealth and Poverty in Early Church and Society*. Grand Rapids: Baker Academic, 2008.

_____. *God Knows There's Need: Christian Responses to Poverty*. New York: Oxford University Press, 2009.

HOOD, Jason. *Theology in Action*: Paul and Christian Social Care. Transforming the World: The Gospel and Social Responsibility. Nottingham: Apollos, 2009.

HORSMAN, Reginald. *Race and Manifest Destiny*: The Origins of American Racila Anglo-Saxonism. Cambridge: Harvard University Press, 1981.

KELLER, Timothy. *Center Church*. Grand Rapids: Zondervan, 2012.

_____. *Justiça generosa*. São Paulo: Vida Nova, 2010.

KENNETH, Curtis, A. *Os 100 acontecimentos mais importantes da história do cristianismo:* Do incêndio de Roma ao crescimento da Igreja na China. São Paulo: Vida, 2003.

KIERKEGAARD, Søren. *As obras do amor*: Algumas considerações cristãs em forma de discursos. Petrópolis: Vozes, 2013.

KUYPER, Abraham. *O problema da pobreza*: a questão social e a religião cristã. Rio de Janeiro: Thomas Nelson Brasil, 2020.

LANDES. David, *A riqueza e pobreza das nações:* Por que algumas são tão ricas e outras são tão pobres. Rio de Janeiro: Elsevier, 2003.

LEWIS, C. S. *Cristianismo puro e simples*. São Paulo: Martins Fontes, 2005.

_____. *O problema do sofrimento*. São Paulo: Vida, 2009.

LINDBERG, Carter. *História da Reforma*. Rio de Janeiro: Thomas Nelson Brasil, 2017.

LODGE, Carey. "10 Inspirational Quotes from William Wilberforce". Disponível em: <www.christiantoday.com/article/10-inspirational-quotes-from-william-wilberforce/60570.htm>. Acesso em: 24 mar. 2021.

LUTERO, Martinho. *The Collected Works of Martin Luther*. E-artnow, 2018.

MACARTHUR, John. *Doze homens extraordinariamente comuns*. Rio de Janeiro: Thomas Nelson Brasil, 2019.

MACHADO, Ziel. Pequenas iniciativas podem gerar transformação. Em: PADILLA, René e COUTO, Péricles. *Igreja:* agente de transformação. Curitiba: Missão Aliança, 2011.

MATHEWS, Shailer. *Christian Sociology. V. Wealth.* American Journal of Sociology. Vol. 1, n. 6 (May, 1896), p. 771-784. The University of Chicago Press.

METAXAS, Eric. *Bonhoeffer*: Pastor, mártir, profeta, espião. Mundo Cristão, 2012.

MILTON, John. *Defense of the People of England.* Disponível em: <www.constitution.org/milton/first_defence.htm>. Acesso em: 31 out. 2019.

MOORHEAD, John. "Gregory the Great". Em: HARRISON, Carol (org.). *The Early Church Fathers.* London; New York: Routlegde, 2005.

MORUS, Thomas. *A Utopia.* Rio de Janeiro: Nova Fronteira, 2011.

MURRAY, Andrew. *Absolute Surrender.* Chicago: Moody Press, 1895.

NEILL, Stephen. *A History of Christian Missions.* Penguin History of the Church. Vol. 6. London: Penguin Books, 1991.

NIEBUHR, Richard H. *Christ and Culture.* San Francisco: Harper & Row, 1975.

O'LOUGHLIN, Thomas. *The Didache*: A Window On The Earliest Christians. Grand Rapids: Baker Academic, 2010.

PADILLA, René e COUTO, Péricles. *Igreja:* agente de transformação. Curitiba: Missão Aliança, 2011.

PAYNE, Robert. *The Fathers of the Western Church.* New York: Dorset, 1989.

PIPER, John. *Living in the Light*: Money, Sex, and Power. Epsom: The Good Book Company, 2016.

POTTS, J. Manning (org.). *Prayers of the Early Church.* Project Gutenberg, 2015. Disponível em: <www.gutenberg.org/files/48247/48247-h/48247-h.htm>. Acesso em: 24 fev. 2020.

RATCLIFFE, Susan (org.). *Oxford Essential Quotations.* 4 ed. New York: Oxford University Press, 2016.

RÉGAMEY, Raymond. *Poverty:* An Essential Element In The Christian Life. New York: Sheed & Ward, 1949.

REINERT. Erik S. *How Rich Countries Got Rich and Why Poor Countries Stay Poor.* London: Constable, 2008.

RHEE, Helen. *Loving the Poor, Saving the Rich:* Wealth, Poverty, and Early Christian Formation. Grand Rapids: Baker Academic, 2012.

_____. *Wealth and Poverty in Early Christianity*. Minneapolis: Fortress, 2017.

RHODES, Michael e HOLT, Robby. *Practicing the King's Economy*: Honoring Jesus in How We Work, Earn, Spend, Save, and Give. Grand Rapids: Baker Books, 2018.

RICHARDSON, Cyril C. *Early Christian Fathers*. Disponível em: <www.ccel.org/ccel/richardson/fathers.pdf>. Acesso em: 24 mar. 2021.

RYKEN. Leland. *Santos no mundo*: Os puritanos como realmente eram. São José dos Campos: Fiel, 2013.

SABATIER, William. *A Treatise on Poverty, its Consequences and the Remedy*. London: John Stockdale, 1797.

SALVIANO. *The Writings of Salvian, The Presbyter*. New York: CIMA, 1947.

SCHAFF, Philip. *Ante-Nicene Fathers*. Vol. 1. The Apostolic Fathers with Justin Martyr and Irinaeus. Disponível em: <www.ccel.org/ccel/schaff/anf01.pdf>. Acesso em: 24 mar. 2021.

_____. *Ante-Nicene Fathers*. Vol. 4 Fathers of the Third Century: Tertullian, Part Fourth; Minucius Felix; Commodian; Origen, Parts First and Second. Disponível em: <www.ccel.org/ccel/schaff/anf04.pdf>. Acesso em: 24 mar. 2021.

_____. *History of the Christian Church*. Vol 2. Ante-Nicene Christianity. A.D. 100-325. Disponível em: <www.ccel.org/ccel/schaff/hcc2.pdf>. Acesso em: 31 out. 2019.

SEN, Amartya. *Desenvolvimento como liberdade*. São Paulo: Companhia de Bolso, 2010.

SHELLEY, Bruce L. *História do cristianismo ao alcance de todos*. São Paulo: Shedd, 2004.

SIBBES, Richard. *Works of Richard Sibbes*: Miscellaneous Sermons & Indices. Carlisle: Banner of Truth Trust, 1982.

SIDER, Ronald. *Cristãos ricos em tempos de fome*. São Leopoldo: Sinodal, 1978.

STOTT, John. *Os cristãos e os desafios contemporâneos*. Viçosa: Ultimato, 2014.

_____. *The Grace of Giving*: 10 Principles of Christian Giving. Peabody: Hendrickson, 2008.

SNODGRASS, Klyne. *Compreendendo todas as parábolas de Jesus*. Rio de Janeiro: CPAD, 2014.

SUNG, Jung Mo. *A graça de Deus e a loucura do mundo*. São Paulo: Reflexão, 2015.

TOLSTÓI, Liev. *Confession*. New York: W.W. Norton & Company, 1983.

TUTU, Desmond. *Deus não é cristão e outras provocações*. Rio de Janeiro: Thomas Nelson Brasil, 2012.

WAGNER, Peter C. *Descubra seus dons espirituais*. São Paulo: Abba Press, 2009.

WEBER, Max. *Ética protestante e espírito do capitalismo*. São Paulo: Martin Claret, 2013.

WOLF, Kenneth Baxter. *The Poverty of Riches*: St. Francis of Assisi Reconsidered. New York: Oxford University Press, 2003.

WRIGHT, N. T. *Simply Christian*: Why Christianity Makes Sense. San Francisco: Harper One, 2006.

XAVIER, Luiz Felipe. **O ensino de Jesus acerca do dinheiro os conflitos com os fariseus durante a viagem a Jerusalém segundo Lucas e suas implicações para o discipulado cristão hoje**. Tese (Doutorado em Teologia Dogmática) — Faculdade Jesuíta de Filosofia e Teologia, 2019.

Agradecimentos

Antes de qualquer menção, quero agradecer a Deus. Ele me sustentou e falou comigo tão claramente durante os cinco anos em que escrevi este livro. Um dia, enquanto caminhava sozinho na praia, ouvi claramente as seguintes palavras: "Eu vou abrir portas para você, desde que você se abra a outros". Enchi-me de esperança para continuar escrevendo, crendo que, em algum momento, iria superar minha reclusão criativa, compartilhar estas ideias e o livro se tornaria realidade.

Em 21 de dezembro de 2018, uma amiga minha, Raquel Thomazi, com quem eu não falava havia anos, sonhou que via um livro com meu nome sendo vendido numa livraria do aeroporto. Ela me mandou uma mensagem contando este sonho, sem saber de nada, exatamente no dia em que a ideia deste livro seria avaliada pela diretoria da Thomas Nelson. Naquele mesmo dia, o livro foi aprovado pela editora.

Sou extremamente grato a pessoas especiais com quem trilhei a jornada para que este livro se tornasse realidade. À minha esposa, por me apoiar e inspirar com tantas ideias, como a de criar uma parte de ficção dentro deste livro. À minha família, por sempre acreditar em mim. A Samuel Munhoz e Timóteo Carriker, por suas sugestões valiosas e uma cuidadosa revisão teológica do texto. Ao meu amigo Leo Nietzsche, por ter me encorajado quando estas ideias estavam ainda se formando. A Asaph Borba, por me incentivar e orar comigo sobre este livro. Aos parceiros da Thomas Nelson Brasil, em especial Samuel, André e Daila, por acreditarem e contribuírem tanto para a revisão e conclusão deste livro.

Este livro foi impresso pela Vozes para a
Thomas Nelson Brasil em 2023.
A fonte do miolo é Noto Serif.
O papel do miolo é avena 80g/m², e o da
capa é cartão 250g/m².